GUIDE

DE

L'AMATEUR D'INSECTES

COMPRENANT LES GÉNÉRALITÉS SUR LEUR DIVISION EN ORDRE
L'INDICATION DES USTENSILES ET LES MEILLEURS PROCÉDÉS POUR LEUR
FAIRE LA CHASSE
LES ÉPOQUES ET LES CONDITIONS LES PLUS FAVORABLES A CETTE CHASSE
LA MANIÈRE DE LES PRÉPARER
ET DE LES CONSERVER EN COLLECTIONS

PAR

Plusieurs Membres de la Société Entomologique de France

3ᵉ ÉDITION

Revue, corrigée et augmentée.

PRIX : 2 FR.

PARIS

Chez DEYROLLE Fils

Libraire, Correspondant des Sociétés Entomologiques
de Londres, de Belgique et de Suisse

19, RUE DE LA MONNAIE, 19

LONDRES

Chez H. STEUART

Great Russel street, 61.

1868

LES CATALOGUES

AVEC PRIX

DES LÉPIDOPTÈRES, COLÉOPTÈRES, OISEAUX

Seront envoyés *franco*, sur demande.

COLLECTION

DE LÉPIDOPTÈRES EUROPÉENS & EXOTIQUES

Depuis **25** francs le cent

Tous sont soigneusement étalés, et bien déterminés.

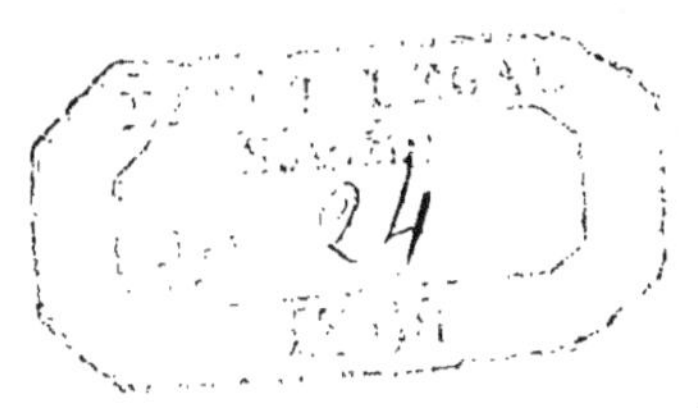

NOUVEAU GUIDE

DE

L'AMATEUR D'INSECTES

Le Mans. — Impr. Beauvais.

GUIDE

DE

L'AMATEUR D'INSECTES

COMPRENANT LES GÉNÉRALITÉS SUR LEUR DIVISION EN ORDRE
L'INDICATION DES USTENSILES ET LES MEILLEURS PROCÉDÉS POUR LEUR
FAIRE LA CHASSE
LES ÉPOQUES ET LES CONDITIONS LES PLUS FAVORABLES A CETTE CHASSE
LA MANIÈRE DE LES PRÉPARER
ET DE LES CONSERVER EN COLLECTIONS

PAR

Plusieurs Membres de la Société Entomologique de France

3e ÉDITION

Revue, corrigée et augmentée.

PARIS

Chez DEYROLLE Fils

Libraire, Correspondant des Sociétés Entomologiques
de Londres, de Belgique et de Suisse

19, RUE DE LA MONNAIE, 19 (*)

—

1868

(*) L'on trouvera, au même Établissement, tous les ustensiles indiqués dans cet
ouvrage, et dont le tarif des prix est la fin.

PRÉFACE.

La réimpression de cette troisième édition
prouve les services que ses devancières ont
rendu aux débutants en Entomologie ; l'obli-
geance toute désintéressée des auteurs ne nous
a pas fait défaut, et nous les prions d'agréer nos
sentiments de sincère reconnaissance, pour l'em-
pressement avec lequel ils ont revu cet ouvrage,
ajoutant les procédés récemment découverts pour
la préparation et la conservation des insectes,
supprimant les localités détruites ou bouleversées
et indiquant les endroits où ont été prises les
espèces nouvellement connues ; le mettant ainsi
à la hauteur des récentes découvertes, ils l'ont
rendu aussi indispensable aux débutants qu'aux
maîtres en Entomologie.

É. DEYROLLE fils.

INTRODUCTION.

La grande division des INSECTES (*Insectum, Intersectum,* entrecoupés) comprend tous les animaux sans vertèbres, désignés aussi sous le nom d'*Articulés* ; Nous en séparons les crustacés, les arachnides, les myriapodes et les annelés, qui ont été éliminés par les derniers auteurs, qui ont traité cette branche de l'Histoire naturelle.

Le corps des insectes est composé de trois parties parfaitement distinctes ; la *Tête,* le *Thorax* et l'*Abdomen* ou ventre.

La *tête,* qui est la partie antérieure du corps, est toujours munie d'une *bouche* par laquelle les aliments sont introduits dans le tube digestif : cette bouche est composée de plusieurs organes qui sont très-modifiés, suivant qu'elle est destinée à la mastication ou à la succion ; sur le devant de la tête sont insérées les *antennes,* sur les fonctions desquelles les savants ne sont pas d'accord, les uns leur attribuent le toucher, d'autres, l'ouïe et l'odorat, quelques auteurs leur croient ces trois sens. Près des antennes sont les yeux qui dans plusieurs groupes sont atrophiés, quelquefois même ils manquent complètement.

Le *thorax* est la partie médiane du corps sur laquelle sont insérées les *ailes* et les *pattes;* les *ailes* sont généralement au nombre de quatre, mais souvent la seconde paire est réduite à l'état rudimentaire, parfois tout à fait nulle, certains insectes sont même complétement aptères dans un sexe, et aussi dans les deux sexes ; lorsque les deux ailes sont souples, on les nomme *aile supérieure* et *aile inférieure*, si l'aile supérieure est cornée elle est appelée *élytre*.

Les *pattes* sont toujours au nombre de *six*, elles servent à l'ambulation et aident souvent aussi l'insecte à l'accomplissement d'autres fonctions, natation, ponte, nidification, etc.

L'*abdomen* est composé de plusieurs anneaux ou segments ; sur les côtés de ces anneaux sont placés les *stigmates* qui sont les orifices des organes de la respiration.

Les insectes sont divisés en plusieurs ordres, nous empruntons au remarquable ouvrage le *Genera des Coléoptères d'Europe* la définition qu'en donne *Jacquelin du Val*, dans son introduction, page CLXXXIX. (1).

CLASSE DES INSECTES.

1. *Ordre des Coléoptères.* — Bouche destinée à la mastication ; des mandibules et des mâchoires palpigères. Ailes supérieures cornées ou coriaces, recouvrant en général les inférieures qui sont pliées transversalement. — Métamorphoses complètes. — (*Ex.* Hanneton, Genera, pl. III, fig. 1)

2. *Ordre des Orthoptères.* (2). — Bouche destinée à la

(1) Voir pour plus de développements l'ouvrage cité.
(2) Certains auteurs forment deux autres ordres aux dépens des

mastication ; des mandibules et des mâchoires palpigères, celles-ci à lobe externe en forme de galète. Ailes supérieures cornées ou coriaces recouvrant les inférieures qui sont plissées longitudinalement. — Métamorphoses incomplètes. — (*Ex.* Criquet, Genera, pl. III, fig. 4).

3. *Ordre des Thysanoptères* (1). — Bouche destinée à la succion, mais offrant des mandibules et des mâchoires palpigères. Ailes toutes étroites, parallèles et frangées tout autour, croisées au repos. — Métamorphoses complètes ou incomplètes. — (*Ex.* Thrips, Genera, pl. IV, fig. 5).

4. *Ordre des Hémiptères* (2). — Bouche destinée à la

Orthoptères, savoir : l'ordre des *Dermaptères* (Forficules, Genera pl. III, fig. 3) à ailes inférieures plissées non-seulement longitudinalement mais en outre transversalement ; et l'ordre des *Dictyoptères* (Blattes) à ailes supérieures croisées au sommet, au lieu d'avoir la suture droite comme les autres Orthoptères ; mais ces caractères ne sont pas assez importants pour permettre l'adoption de deux ordres spéciaux.

(1) Les insectes qui composent cet ordre nommés par d'autres *Physopodes*, ont été compris par la plupart des auteurs dans les Hémiptères et par un petit nombre dans les Orthoptères dont leur bouche les rapproche un peu plus, quoiqu'elle s'éloigne encore notablement de celle de ces derniers. En résumé je crois que les caractères buccaux qu'ils présentent et la forme spéciale de leurs ailes, autorisent l'adoption d'un ordre particulier, intermédiaire entre ceux des Orthoptères et des Hémiptères.

(2) Quelques auteurs constituent, aux dépens des Hémiptères, auxquels ils donnent pour caractères un bec naissant de la partie antérieure de la tête et des ailes supérieures semi-cornées, plusieurs autres ordres, savoir : celui des *Homoptères* offrant un bec qui

succion, formant un bec articulé ; mandibules et mâchoires non palpigères, sétiformes. Ailes supérieures semi-cornées, coriaces ou membraneuses. — Métamorphoses généralement incomplètes (1). — (*Ex.* Punaise des bois, Genera, pl. IV, fig. 6 ; Cigale, Genera, pl. IV, fig. 7 ; Puceron, Genera pl IV. fig. 8).

5. *Ordre des Névroptères* (2). — Bouche destinée à la mastication ; des mandibules et des mâchoires palpigères ou non. Toutes les ailes membraneuses, à nervures généralement très-réticulées. — Métamorphoses complètes ou incomplètes. — (*Ex.* Libellule, Genera, pl. V, fig. 10).

6. *Ordre des Hyménoptères.* — Bouche destinée à la

naît du prolongement inférieur de la tête et des ailes supérieures de consistance égale et généralement plus ou moins coriaces ; celui des *Phthiroptères*, caractérisé par le bec qui paraît naître du sternum et des ailes entièrement membraneuses ; enfin celui des *Pseudoptères* offrant deux ailes seulement chez les mâles qui sont privés de bec à l'état parfait. Ces derniers ordres comprennent le premier les Cicadaires, le second les Pucerons et le troisième les Cochenilles. Mais leurs caractères ne me paraissent point assez importants pour les faire adopter.

(1) On sait en effet que les *Coccus* et les *Orthezia* offrent (les mâles du moins) des métamorphoses spéciales rapportées aux métamorphoses complètes.

(2) On a voulu établir aux dépens des Névroptères un nouvel ordre sous le nom de *Trichoptères* (Phryganes), caractérisé par la bouche à mandibules rudimentaires et à mâchoires soudées avec la lèvre, de manière à former une espèce de bec pénicilliforme et les ailes poilues et en toit au repos ; mais cette coupe n'a pas été généralement adoptée.

mastication ou à la succion, mais offrant des mandibules et des mâchoires palpigères. Ailes toutes membraneuees, inégales, veinées. — Métamorphoses complètes. — (*Ex.* Guêpe, Genera, pl. IV, fig. 9).

7. *Ordre des Lépidoptères.* — Bouche destinée à la succion, formant une trompe roulée accompagnée de palpes labiaux très-grands; mandibules rumenditaires. Ailes toutes membraneuses, plus ou moins revêtues d'écailles. — Métamorphoses complètes.— (*Ex.* Papillons, Genera, pl. V, fig. 11).

8. *Ordre des Diptères* (1). — Bouche destinée à la succion, formant en général une trompe du reste variable ; mandibules et mâchoires, ou les premières au moins sétiformes ou nulles. Ailes supérieures membraneuses, veinées ; inférieures très-petites et modifiées sous forme de balancier. — Métamorphoses complètes. (*Ex.* Mouche, Genera, pl. VI, fig, 12 ; Puce (2), pl. VI, fig. 13).

(1) Sous le nom d'*Homaloptères* on a voulu séparer des vrais Diptères les Diptères pupipares dont la bouche est en effet assez notablement différente et dont les mœurs sont particulières. Toutefois ce nouvel ordre a été rejeté par la plupart des auteurs.

(2) Les puces ont été considérées par la plupart des auteurs comme constituant un ordre particulier sous le nom de *Siphonaptères*, mais on penche assez généralement aujourd'hui, avec raison je crois, à les ranger parmi les Diptères, car elles se rapprochent en effet beaucoup des Diptères pupipares par leur bouche, leurs mœurs et leurs métamorphoses complètes.

9. *Ordre des Rhipiptères.* — Bouche destinée à la succion, mais offrant des mandibules linéaires
et des mâchoires palpigères. Ailes supérieures
très-petites, étroites , semi-crustacées, res-
semblant un peu aux balanciers des Diptères ;
inférieures grandes, longitudinalement plissées en éventail. — Métamorphoses complètes. — (*Ex.* Xenos, Genera, pl. III, fig. 2).

Tels sont les caractères principaux des divers ordres
de la classe des insectes dont je sépare, comme je l'ai
dit à propos de la définition de l'insecte, les anciens
Aptères sur les caractères desquels je ne crois pas devoir revenir, me bornant à dire qu'ils se divisent à
leur tour en trois ordres caractérisés ainsi qu'il suit :

1. *Parasites.* — Bouche destinée à la succion, consti-
tuée par un siphoncule rétractile. — Animaux
épizoïques. — (*Ex.* Poux, Genera, pl. VI ,
fig. 14).

2. *Anoploures.* — Bouche destinée à la mastication,
offrant des mandibules et des mâchoires. Animaux épizoïques.—(*Ex.* Poux d'oiseaux, Genera, pl. VI, fig. 15).

3. *Thysanoures.* — Bouche destinée à la mastication,
offrant des mandibules et des mâchoires. Abdomen terminé par des filets ou un appareil spécial propre au saut. Animaux non
épizoïques. — (*Ex.* Podures, Genera, pl, VI,
fig. 16).

J. DU VAL (1).

(1) *Genera des Coléoptères d'Europe,* introduction.

NOMENCLATURE DES DIFFÉRENTES PARTIES COMPOSANT LE CORPS DES INSECTES.

PLANCHE I.

Fig. 1. *Hammaticherus heros* Fabr. Dessus du corps.

a, labre. — b, mandibule. — c, palpe maxillaire. — d, épistome. — e, front. — f, vertex. — g, œil. — h, antenne. — i, tarse. — j, jambe ou tibia. — k, cuisse. — l, pronotum. — m, scutum du mésothorax. — n, scutellum du mésothorax ou écusson. — o, élytre ou aile supérieure. — p, aile inférieure. — q, scutum du métathorax. — r, scutellum du métathorax. — s, abdomen. — t, dernier arceau abdominal supérieur apparent ou pygidium. — u, stigmate. — a', nervure costale. — b', nervure sous-costale. — c', nervure médiane. — d', nervure sous-médiane bifurquée. — e', nervure anale après laquelle en dedans on voit une espèce de rudiment de la sous-anale. — f', point où s'opèrent les plis de l'aile.

Fig. 2. Tête de *Necrophorus germanicus*. Lin., vue en dessus.

a, mandibule. — b, labre. — c, palpe maxillaire. — d, antenne coudée et en massue. — e, épistome. — e', espace moins consistant, semi-corné et très-remarquable que présente en général l'épistome des Necrophorus. — f, post-épistome extrèmement développé et enclavé dans le front. — g, œil. — h, front réduit à une bande de chaque côté par suite de l'envahissement du post-épistome. — i, vertex. — j, occiput. On voit en outre les tempes de chaque côté.

PLANCHE II.

Fig. 1. *Sphodrus leucophtalmus*. Lin. Dessous du corps.

a, languette. — b, paraglosse. — c, palpe labial. — d, lobe interne de la mâchoire. — e, lobe externe palpiforme de la mâchoire ou palpe maxillaire interne. — f, palpe maxillaire ou palpe maxillaire externe. — g, mandibule. —

1*

h, menton offrant une forte dent médiane en avant. — *i*, pièce basilaire. — *j*, tempe. — *k*, limite postérieure de la joue très-réduite. — *l*, œil, — *m*, antenne filiforme. — *n*, prosternum. — *o*, bord infléchi du pronotum. — *p*, épisternum. — *q*, épimère soudée. Ces deux dernières pièces forment les propleures. — *r*, hanche antérieure. — *s*, trochanter intérieur. — *t*, cuisse; — *u*, jambe ou tibia. — *v*, tarse. — *x*, ongles ou crochets. — *a'*, mésosternum. — *b'*, épisternum. — *c'*, épimère très-étroite. Ces deux dernières pièces forment les mésopleures. — *d'*, bord infléchi ou repli latéral de l'élytre.— *e'*, hanche intermédiaire. — *f'*, métarstenum.— *g'*, épisternum. — *h'*, épimère. Ces deux dernières pièces constituent les métapleures. — *i'*, hanche postérieure. — *j'*, trochanter postérieur, dit *fulcrant*. — *k'*, abdomen.

Fig. 2. Tête de l'*Hydrophilus pistaceus* Lap. vue en dessous.

a, trou occipital.— *b*, tempes,— *c*, joues.— *d*, pièce basilaire. — *e*, pièce prébasilaire. — *f*, œil. — *g*, antenne.— *h*, tige de la mâchoire. — *i*, menton. — *j*, palpe maxillaire. *k*, lobes de la mâchoire. — *l*, languette. — *m*, palpes labiaux.— *n*, mandibules, formées par l'accollement des lobes allongés des mâchoires.

PLANCHE III.

Fig. 1. Tête et bouche du *Pyrrhocoris aptera* L., vues de côté.

a, œil. — *b*, base de l'antenne,— *c*, lobe latéral du front — *d*, épistome ou lobe médian frontal. — *e*, labre allongé et s'appliquant sur la base du bec. — *f*, gaine articulée du bec représentant la lèvre inférieure. — *g g*, filets représentant les mandibules. — *h h*, filets représentant les mâchoires, parfois réunis en grande partie. — Les filets du bec sont tous contenus dans la gaine dont on les a écartés ici.

Fig. 2. Tête et thorax d'un *Ichneumonide*. Dessus.

a, ocelles ou yeux lisses. — *b*, antepectus saillant en avant et visible en dessus (collier de divers auteurs). — *c*, pronotum formant un simple liseré ou anneau étroit. — *d*, scutum du mésothorax. — *e*, scutellum du mésothorax ou écusson. — *f*, scutum du métathorax (frenum de quelques.

uns) — *g*, segment médiaire portant deux stigmates (métathorax de quelques-uns). -- *h*, paraptère. — *i*, hanche postérieure. — *j*. trochanter. — *k*, apophyse, subdivision du trochanter. — *l*, premier segment abdominal apparent pédonculé.

Fig. 3. Partie antérieure de la tête d'un *Sphinx* (Lepidoptère), denudée, vue de face.

a, œil. — *b*, pièce appartenant à l'épicrâne. — *c*, labre. *d*, pièce membraneuse représentant l'hypoglotte. — *e*, palpe labial. — *f*, trompe déroulée, formée par l'accollement des lobes allongés des mâchoires.

Fig. 4. Tête et bouche de l'*Echynomia fera* L. (Diptère), vues de côté.

a, fort ligament unissant la tête au thorax. — *b*, œil. — *c*, antennes. — *d*, style. — *e*, support ou base de la gaine de la trompe représentant le menton. — *f*, tige de la même gaine figurant l'hypoglotte. — *g*, lèvres terminales représentant la languette et ses paraglosses réunies. — *h*, palpes maxillaires portés par la gaine de la trompe (ou lèvre inférieure) par suite de la fusion des deux soies maxillaires avec elle.

Fig. 5. Tête et bouche de la *Xylocopa violacea* Lin.

a, œil. — *b*, antenne. — *c*, labre. — *d*, épistome. — *e*, front. — *f*, vertex et ocelles, ou yeux lisses. — *g*, occiput. *h*, mandibule. — *i*, mâchoire. — *j*, palpe maxillaire. — *k*, languette vers la partie de laquelle on voit les paraglosses fortement appliquées contre elle. — *l*, palpes labiaux.

Fig. 6. Chrysalide du *Lasiocampa pini* Lin.

a, tête. — *b*, œil. — *c*, antennes. — *d*, pattes. — *e*, ailes *f*, stigmates.

Fig. 7. Chenille du *Cossus ligniperda* F.

a, tête. — *b*, thorax représenté par les trois premiers segments. — *c*, épistome. — *d*, pattes écailleuses. — *e e*, fausses pattes ou pattes membraneuses. — *f*, fausses pattes anales. — *g*, stigmates.

PLANCHE IV.

Fig. 1. Ailes du *Pieris napi* Linné, dénudées. Les lettres extérieures désignent les nervures que je vais d'abord signaler.

a, aile supérieure. — *c*, côte ou bord supérieur de l'aile, simple. — *d*,. première nervure sous-costale. — *e*, deuxième nervure sous-costale, ou vraie. — *f*, nervure médiane. — *g*, nervure anale. — La nervure sous-médiane manque et se trouve remplacée par un léger pli entre les deux précédentes.

b, aile inférieure. — *h*, première nervure sous-costale écartée. — *i*, deuxième nervure sous-costale ou vraie. — *j*, nervure médiane. — *m*, nervure anale. Les lettres intérieures désignent les cellules signalées ci-après ; ce sont les mêmes pour les deux ailes.

c, cellule médiastine au-dessus de laquelle est la costale. — *s c*, cellule sous-costale (discoïdale des Lépidopterologistes). — *m*, médiane. — *s m*, cellule sous-médiane, confondue avec la médiane sur l'aile supérieure, par suite du manque de nervure sous-médiane. — *a*, cellule anale. — premier *p*, cellule radiale. — second *p*, cellule cubitale, subdivisée par une nervure oblique sur l'aile supérieure. les trois *p* inférieurs, cellules postérieures.

Fig. 2. Aile supérieure de *Tenthrédine*.

a, nervure costale. — *b*, nervure sous-costale. — *c*, nervure médiane. — *d*, nervure sous-médiane. — *e*, nervure anale. — *f*, nervure radiale. — *g*, nervure cubitale. — *h*, cellule costale. — *i*, cellule sous-costale. — *j*, cellule médiane. — *k*, cellule sous-médiane divisée en deux par une petite nervure. — *l*, cellule anale. — *m*, cellules radiales. — *n*, cellules cubitales. — *o*, cellules discoïdales. — *p*, cellules postérieures. — *q*, stigma.

Fig. 3. Aile de *Tipulaire*,

a, nervure costale. — *b*, nervure sous-costale double. — *c*, nervure médiane. — *d*, nervure sous-médiane. — *e*, nervure anale. — *f*, nervure sous-anale (axillaire Macqart.) — *g*, nervure radiale. — *h*, nervure cubitale, — *i*, cellule costale. — *j*, cellule médiastine. — *k*, cellule sous-costale. — *l*, cellule médiane divisée par une petite nervure vers sa base. — *m*, cellule sous-médiane. — *n*, cellule anale. — *o*, cellule sous-anale. — *p*, cellule stigmatique. — *q q*, cellules radiales. — *r*, cellule cubitale. — *sss*, cellules postérieureures. — *t*, cellule discoïdale.

Fig. 4. Ailes du *Lygæus militaris* Ros.

Les lettres intérieures désignent les cellules.

a, aile supérieure ou hémiélytre. — *c.* corie. — *d*, clavus. — *e*, membrane. — *f*, nervure costale. — *g h*, nervure sous-costale double. — *h'* nervure médiane. — *i*, nervure radiale. — *j*, nervure cubitale. — *k*, nervure sous-médiane. — *c*, cellule costale. — *m*, cellule sous-costale. — *s m*, cellule sous-médiane. — *a*, cellule anale. — *s*, cellule stigmatique. — *r*, radiale. — *cub*, cubitale double. — *d*, discoïdale. — *p p p*, postérieures.

b, aile inférieure. — *l*, nervure costale. — *m*, nervure sous-costale. — *n*, nervure médiane. — *o*, nervure sous-médiane. — *p*, nervure anale. — *q*, continuation de la nervure sous-costale. — *r*, nervure radiale. — *s*, nervure cubitale. — *c*, cellule costale. — *s c*, cellule sous-costale. — *m*, cellule médiane. — *s m*, cellule sous-médiane. — *a*, cellule anale. — *r*, cellule radiale. — *cub*, cellule cubitale. — *d*, cellule discoïdale formée par une nervule récurrente, émanant de la sous-costale.

Fig. 5. Aile supérieure de *Pteromalus inflexus* Forst., très-grossie.

a c, nervure sous-costale. — *e*, point où elle gagne la côte nommé par M. Ratzeburg *junctura*. — *b*, partie un peu épaissie de la nervure sous-costale (nervure duplex Ratz.) — *d*, nervure radiale.

Fig. 6. Aile supérieure de l'Aphis *juglandis* Kalt.

a, nervure costale. — *b c*, nervure sous-costale double. — *d*, nervure radiale. — *e*, nervure radiale deux fois bifurquée. — *f*, cellule costale. — *g*, cellule médiastine se dilatant au sommet en forme de stigma (masse costale, Kaltenb.) — *h*, cellule radiale. — *i*, cellule cubitale. — *j*, cellules postérieures. — *k*, cellules que l'on doit peut-être considérer comme les sous-costale et médiane devenues discoïdales. *l*, cellule qui par suite alors représenterait la sous-médiane.

COLOEPTÈRES

USTENSILES.

Le plus important de tous est le *filet*. Le choix n'en est pas indifférent, car de sa construction dépend le succès de la chasse. Aussi allons-nous le décrire en détail. Le filet se compose d'un sac en toile attaché à un cercle en fer supporté par un manche. Le manche, de

la grosseur d'un pouce, a un mètre ou 1^m,20 de longueur : à une des extrémités se trouve une douille en fer de 6 centimètres de longueur, percée vers le haut d'un trou où joue une vis de pression pour retenir le cercle. Celui-ci a trente centimètres de diamètre : il est formé d'une lame de fer plat sur champ, de 8 millimètres de large sur 3 d'épaisseur. Cette lame est percée de distance en distance pour qu'on puisse y adapter le sac ; et afin que le fil qui retiendra le sac ne s'use pas trop vite, il faut avoir soin de pratiquer, dans toute la circonférence du cercle, une gorge où seront percés les trous par lesquels passera le fil : de cette manière, le fil ne fera pas saillie et ne s'usera pas aussi vite. Il faut préférer le cercle en fer plat au cercle en fer rond qui se déforme plus facilement et sur lequel il serait difficile de percer des trous ; en outre, le fer étant plat et sur champ, râcle plus fortement les plantes sur lesquelles on le promène. Ce cercle se fixe à la douille du manche au moyen d'un morceau de fer plat, de 3 ou 4 centimètres de longueur sur 6 ou 7 millimètres d'épaisseur, soudé au cercle : on introduit ce morceau de fer dans la douille et on le fixe au moyen de la vis de pression. Pour que le filet soit plus commode à porter, il est bon qu'il puisse se fermer en deux ; pour cela, il faut une charnière de chaque côté, au milieu, arrangée de manière à ce que le cercle ne ferme que d'un côté, car sans cela il se refermerait continuellement lorsqu'on s'en servirait. La chape ou sac qui s'adaptera à ce cercle sera en toile solide pour ne pas se déchirer trop facilement aux épines : elle aura 60 centimètres de longueur. On fixera ce sac en toile au cercle par le moyen des petits trous percés dans ce dernier, afin que ce soit le fer et non la toile qui frappe contre les branches et les épines : sans cette précaution, il faudrait renouveler trop souvent les bords de la chape.

L'autre extrémité du manche sera munie d'une pointe de fer qui sert à ficher le filet en terre pendant .

que l'on visite l'intérieur de la poche. On peut ajuster aussi à la douille, en place du filet, soit une sorte de houlette, pour creuser la terre, pour travailler les bois vermoulus quand l'écorçoir est trop court, soit une petite fourche qui sert à retourner les pierres, les détritus, etc.

Pour chasser au filet, on le promène horizontalement avec son ouverture perpendiculaire, d'une manière assez vigoureuse pour que les insectes se détachent des plantes et tombent dans le sac, mais non pour les envoyer tomber au loin : c'est ce qu'on appelle *faucher*, parce que le mouvement que l'on imprime au filet ressemble beaucoup à celui d'un faucheur dans un pré. Pour examiner ce qui est au fond du sac, il ne faut pas attendre qu'il soit trop rempli, parce que les insectes entassés peuvent s'endommager : on renverse le sac sur une nappe pour chercher à son aise et d'une manière plus utile que si l'on se bornait à regarder dans le sac.

Ce filet peut aussi servir à pêcher les insectes aquatiques ; mais il vaut mieux avoir un filet particulier pour cette chasse, et remplacer la toile par un cannevas assez lâche pour que l'eau s'écoule facilement, mais en même temps assez serré pour que les petits insectes y restent pris.

Plusieurs Entomologistes du Midi, et notamment de Lyon, emploient au lieu du filet pour faucher, un *parapluie* de couleur claire, dans l'intérieur duquel ils secouent les branches d'arbres et battent les haies ;

mais c'est un tout autre système que le filet et l'on n'arrive pas au même résultat, puisque le filet sert principalement à visiter les herbes et les plantes basses sur lesquelles le parapluie n'a aucune prise.

Le parapluie est néanmoins fort utile pour battre les buissons, les haies, les arbres peu élevés, surtout lorsque le manche peut se plier à moitié.

La *nappe* est aussi fort utile et remplace avantageusement le parapluie ; mais pour s'en servir commodément il faut être trois personnes, deux pour la tenir bien tendue, et une autre qui secoue les branches d'arbres et les haies. On a imaginé un système assez ingénieux pour employer la nappe quand on est seul, mais il est un peu embarrassant à porter : c'est un manche en bois portant à son extrémité un bâton transversal terminé à chaque bout par un bâton oblique, après lesquels est fixée la nappe un peu lâche afin qu'elle puisse encadrer les branches ou troncs contre lesquels on l'applique. La nappe sert aussi à étendre des feuilles, des fourmis, des détritus. Ses dimensions n'ont rien de fixe : plus elle sera grande, plus elle sera utile ; c'est du reste un ustensile indispensable parce qu'il vient continuellement au secours des autres.

Pour visiter les feuilles sèches, il faut un *filet à larges mailles* d'environ un centimètre carré : ce filet est cylindrique, dans la forme des tambours à prendre le poisson, d'un mètre de long afin qu'on puisse le saisir solidement aux deux bouts pour le secouer ; il est fermé à l'une de ses extrémités et ouvert à l'autre par laquelle on introduit les feuilles ; il est soutenu au milieu par deux cercles de baleine, espacés de 2 ou 3 décimètres, ayant 25 centimètres de diamètre. On peut se servir pour les mailles, au lieu de ficelle, du fil de Bretagne, qui est suffisamment solide. Ce filet est très-commode et très-portatif puisqu'il n'a d'autre épaisseur que celle des baleines et du fil ; il peut souvent remplacer le crible en ne donnant aux mailles qu'un très-petit diamètre.

Pour appliquer contre les arbres dont on râpe avec un couteau le dessus des écorces, les mousses, les lichens, on se sert d'un *filet en toile* dans la coulisse duquel on introduit une forte baleine qui ne fait que la moitié de la circonférence du filet, de sorte que l'ouverture a la forme d'un cercle coupé en deux dont la baleine fait l'arc et la partie libre du sac la corde ; c'est cette dernière partie, tendue par les extrémités de la baleine, que l'on applique contre l'arbre dont elle embrasse facilement les contours malgré sa tension. Pour se dispenser de prendre à chaque instant les insectes mêlés aux débris fombés dans le sac, ce qui serait peu commode, il faut que le sac ait au milieu de sa longueur une coulisse avec un cordon que l'on ouvre pour faire tomber les ràclures des arbres, et que l'on referme aussitôt pour empêcher les insectes de s'envoler.

Un *tamis* est aussi chose fort utile, surtout pour les fourmillières : ses dimensions, sa construction, sa forme, varient d'après le goût de chacun. Les uns le veulent rond, d'autres carré ; les uns emploient du parchemin, les autres de la toile métallique ; il faut seulement faire attention à ce que les ouvertures soient assez grandes pour que les insectes qu'on recherche ne soient pas arrêtés au passage, et assez étroites pour que les fourmis et les débris végétaux ne passent pas trop facilement. Ce tamis doit, en outre, être pourvu d'un couvercle pour que les fourmis ne vous inondent pas pendant l'opération.

Le plus commode est un sac en moleskine dont le côté verni est en dedans, à l'une des extrémités est cousue une toile métallique ronde d'environ 25 centimètres de diamètre. Sur les côtés du sac, il y a trois baguettes qui glissent dans une coulisse pour l'empêcher de s'affaisser, en haut est un cordon passé dans une coulisse que l'on tire pour empêcher les fourmis de sortir, il est commode surtout en voyage parce qu'il se plie facilement et se réduit à un très-petit volume.

Pour faire des recherches dans le bois, sous les écorces, il faut un *écorçoir*, c'est un morceau de fer avec

un manche de bois solide ; l'extrémité du fer est triangulaire, en forme de fer de lance, avec les bords tranchants, pas tout à fait droite, mais légèrement recourbée ; une longueur de 25 centimètres est suffisante, y compris le manche.

Cette lame s'emmanche aussi tranversalement, l'instrument ressemble alors à un marteau à côtés tranchants ; il est plus fort et plus commode, seulement il est moins portatif.

Pour mettre les petits insectes qu'on recueille pendant la chasse, il faut avoir des *tubes en verre* un peu épais, de 4 centimètres de long ; une plus grande longueur les exposerait à se casser, tandis qu'on peut mettre plusieurs de ces petits tubes dans la poche sans courir aucun risque, si l'on a fait attention à ce que l'extrémité arrondie n'ait pas été trop amincie dans le soufflage. Ces tubes sont fort commodes pour mettre à part les insectes rares ou fragiles qu'on ne veut pas mêler avec les autres, et surtout les accouplements qui sont souvent fort intéressants à connaître. Quant aux gros insectes, on peut jeter ceux qui sont noirs, et notamment les Carabiques, dans un *flacon d'esprit-de-vin très-fort*, à 32° si c'est possible ; on met les autres dans un *flacon à large goulot*, qu'on remplit en partie avec des tortillons de papier, afin que les insectes ne s'amoncellent pas les uns sur les autres; il faut du papier non collé pour qu'il puisse absorber l'humidité qui se concentre dans le flacon. On asphyxie les insectes, pour qu'ils ne s'endommagent pas en se battant, au moyen de quelques gouttes d'*éther*, de *chloroforme* ou de *benzine*, qu'on verse sur le bouchon des flacons. On est souvent obligé de réitérer cette opération à cause de la volatilité de ces liquides qui s'évaporent chaque fois qu'on ouvre les flacons. Il faut faire attention à ne pas en jeter trop à la fois, parce que l'humidité s'attache aux insectes et leur fait perdre leur duvet et leur fraîcheur. On emploie aussi pour le même usage des *boîtes de ferblanc* de différentes formes, qui ont l'avantage de ne pouvoir se casser. Quelques personnes se servent pour les Carabiques de petits cornets en papier un peu fort ; on y met l'insecte la tête la première, de manière à ce qu'il ne puisse bouger : cette méthode est assez utile pour les Cicindèles, qui sont sujettes à tourner au gras dans l'esprit-de-vin, et que leur naturel carnassier rend dangereuses au milieu d'un flacon rempli de Coléoptères moins turbulents.

Il faut aussi emporter en chasse des *pinces à pointes*

fines pour saisir de petits insectes dans des trous où l'on ne pourrait les prendre avec les doigts.

Enfin, pour ne rien oublier, disons que le tabac

fumé dans une pipe est fort utile pour insuffler dans les fentes des roches, dans les crevasses des murs, les gerçures des écorces, les lichens, etc., afin de faire sortir les insectes qui, sans ce moyen, resteraient cachés dans leurs retraites.

La *pelote*, est composée de deux morceaux de

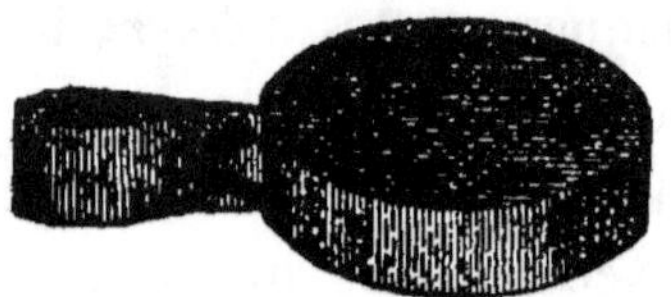

carton ronds, recouverts de soie verte et reliés par un ruban : c'est sur ce ruban que se piquent les épingles. Lorsqu'on chasse, on la pend à la boutonnière afin d'avoir toujours sous la main les épingles dont on peut avoir besoin.

La *boîte à épingles*, sert surtout à emporter une

certaine quantité d'épingles, lorsqu'on part pour une expédition de plusieurs jours. Elle est très-commode, parce qu'on a de suite tous les numéros d'épingles, sans être obligé d'ouvrir plusieurs paquets, et qu'elles ne peuvent se mélanger la boîte une fois fermée, serait-elle même renversée dans tous les sens.

Quand vous partez en excursion entomologique le point capital est de ne rien oublier, car le moindre de vos ustensiles vous ferait perdre une journée ; il faut donc veiller à ce que tout soit toujours réuni, dans une gibecière ou dans un sac de touriste, soit en toile, soit en cuir, attaché aux épaules par deux courroies. Ce

dernier nous semble réunir beaucoup plus d'avantages que le premier, d'abord il laisse les deux mains libres et est aussi beaucoup moins fatigant à porter. Ce sac bien disposé peut contenir, outre tous les ustensiles nécessaires pour la chasse des insectes, le dejeûner de la journée et même des vêtements ; c'est surtout pour les excursions de plusieurs jours qu'il est indispensable.

CHASSE.

Ce chapitre, si simple en apparence, est pourtant le plus compliqué et le plus embarrassant : s'il est vrai de dire, comme on peut le voir dans les ouvrages qui ont effleuré cette matière, s'il est vrai de dire qu'on trouve des insectes partout, sur les routes, sur les fleurs, dans les champs, dans les bois, il est aussi très-vrai qu'avec une indication aussi spéciale on arriv seulement à ramasser les malheureux Coléoptères qui veulent bien se laisser prendre ; il faut donc aller au-devant d'eux et les relancer jusque dans leurs demeures les plus cachées.

Nous commençons par recommander aux jeunes amateurs de prendre tout ce qu'ils rencontreront, car ce n'est jamais au premier coup d'œil que l'on est sûr de l'identité de l'espèce qu'on rencontre. Du reste aucun Coléoptère n'est dangereux : quelques Carabes, quelques Cicindèles, les Lucanes ou Cerf-Volans, mordent assez fortement, mais c'est une morsure simple dont la douleur se dissipe très-rapidement. On prend les insectes un peu gros avec les doigts ; mais pour les petits il est bon de se servir d'une *pince fine*, et pour ceux de la grosseur d'une tête d'épingle, il suffit d'humecter le bout du doigt que l'on pose légèrement sur l'insecte.

On peut chasser presque toute l'année, car si l'hiver est une saison peu favorable, il n'y a que les moments de grand froid où une chasse pourrait être infruc-tueuse. Dès le mois de février, quand le temps s'adoucit, les insectes qui sont restés enfouis dans leurs retraites commencent à en sortir ; à ce moment, il faut chercher sous les mousses, sous les pierres, et surtout le long des rivières lorsque, après une inondation, les eaux commencent à se retirer ; celles-ci en pénétrant dans les prés ont forcé une foule d'insectes à sortir de terre, ils sont entraînés par le fleuve et le courant les dépose aux endroits où il se ralentit, mêlés avec des détritus végétaux, que l'on voit dans ces occasions amoncelés sur les rives. Ces recherches sont toujours fructueuses, et l'on prend de cette manière et en quantité des espèces que l'on ne rencontre jamais autrement. Ce sont surtout les Carabiques et les Staphylins, qui abondent sous ces détritus; on y rencontre aussi quelques Psé-laphiens. Le *Polystichus fasciolatus* ne se trouve jamais que dans les détritus des inondations, soit à Paris, soit à Orléans, soit à Turin.

A la même époque, il faut chercher dans les prés, au pied des arbres, certaines espèces, comme les *Chlænius sulcicollis, holosericeus*, qui ne se montrent qu'au commencement de l'année; les *Dromius* et les *Lebia* qui vivent sous les écorces d'arbres sont dans le même cas.

Souvent en mars, avril, les étangs baissent de niveau, et laissent en se retirant des feuilles et détritus sous lesquels on trouve quelquefois, mais, rarement, l'*Odacantha melanura*; on le prend aussi en secouant sur la nappe les roseaux desséchés qui se rencontrent sur le bord des étangs, pourvu qu'ils conservent un peu d'humidité; lorsque le temps est chaud, ces insectes sont plus nombreux; pendant l'été, on le rencontre dans les marais ombragés, dans les pétioles engaînants des roseaux; il se tient à la partie inférieure, qui est plus humide que le reste de la plante.

A la même époque et dans les mêmes localités couvertes de roseaux secs, mais encore sur pied, on peut trouver le *Demetrias imperialis* très abondamment, en secouant les roseaux sur le parapluie qu'on promène au milieu d'eux.

Le *Masoreus luxatus*, espèce très rare, se trouve à la même époque sous les pierres.

Dans ces même mois, si l'on rencontre dans les bois des fagots qui y ont passé l'hiver, il ne faut pas négliger de les battre ; plus ces fagots seront anciens, mieux ils vaudront.

A ce propos, nous ne saurions trop nous élever contre la conduite de certains Entomologistes, qui peu soucieux des convenances, renversent les fagots empilés pour les battre, et ne les remettent pas en place, sans compter les liens brisés. De pareils faits, qui malheureusement se renouvellent trop souvent, font comprendre, sans les excuser, les exigences ridicules des gardes dans les bois des environs de Paris.

On peut aussi commencer de bonne heure à chercher sous les pierres, surtout dans les endroits secs, car pour les endroits humides, une saison plus chaude est préférable. Il ne faut pas que les pierres soient trop resserrées dans les endroits où l'on fait ces recherches, car alors les insectes trouvant un grand nombre de refuges s'éparpillent, et rendent les recherches moins fructueuses. Il ne faut pas non plus s'attacher à d'énormes pierres qui, par leur propre poids, sont enfoncées dans la terre sans laisser d'intervalles où puissent se réfugier les insectes. Dans les montagnes, les pierres qui sont au bord des torrents cachent beaucoup d'insectes, mais il faut choisir celles qui se trouvent dans des endroits où le courant est un peu arrêté par l'applanissement du terrain, et où les bords sont un peu sablonneux et en pente douce ; c'est là qu'on rencontre, et en grand nombre, plusieurs espèces de *Nebria*.

Le long des rivières, lorsque les rives sont sablonneuses et bien exposées au soleil, il faut piétiner sur le sable et y jeter de l'eau pour faire sortir les *Heterocerus, Omophron, Bledius*, ordinairement enfoncés à quelques centimètres. Les *Bledius* se trouvent aussi dans les endroits secs, mais sablonneux ; on reconnaît leur présence à de petites places circulaires où le sable paraît plus fin et forme une petite élévation.

Aux bords sablonneux de la mer, il ne faut pas négliger de retourner les pierres, les bois, etc., sous lesquels se cachent des *Pogonus, Scarites, Nebria ;* sous les algues à moitié desséchées on trouve des insectes souvent très-rares ; il faut retourner ces algues, chercher dans le sable un peu humide qu'elles recouvraient et le creuser à quelques centimètres, parce que plusieurs insectes s'y enfoncent, les *Heterocerus, Phaleria, Trachyscelis, Saprinus ;* ensuite on étend les algues sur une nappe et on les secoue de manière à faire tomber les insectes qu'elles pourraient renfermer.

Il ne faut pas oublier non plus de visiter, à marée basse, les bancs de sable que la mer laisse à découvert dans les baies et les anses peu exposées aux lames du large ; c'est là que l'on trouve les *Diglossa submarina*, les *Bembidium (Cillenum) Leachii*, courant rapidement au soleil et souvent par bandes nombreuses ; les *Aepus*, petits Carabiques d'un jaune pâle, très-semblables aux *Trechus*, se trouvent dans les fentes des roches feuilletées, ou sous les galets, à la marée basse ;

il en est de même pour la *Micralymma brevipenne*, Staphylinien d'un noir foncé qui n'est pas rare au Havre. Pour les autres espèces marines, la baie de la Somme et le bassin d'Arcachon sont deux localités excellentes.

C'est aussi sur les plages sablonneuses de la mer que l'on voit courir par bandes nombreuses des Cicindèles de plusieurs espèces ; quand le soleil est chaud, il est très-difficile de les prendre, même avec le filet, à cause de leur rapidité à la course et de leur facilité à s'envoler. Aux environs de Paris, à Fontainebleau et à Montmorency, on trouve dans les allées sablonneuses la *Cicindela sylvatica*, espèce qu'on ne prend que très-rarement dans le reste de la France ; la *Cicindela germanica* ne se rencontre, au contraire, que dans les champs, après la moisson.

Les sablonnières sont parfois des localités fructueuses, mais il faut pour cela qu'elles ne soient pas anciennes et que leurs bords soient à pic ; les insectes nocturnes, ceux qui sortent des parois, tombent au fond, et il arrive quelquefois qu'on trouve dans ces fosses des insectes rares et en grand nombre, si toutefois quelque Carabe ne tombe pas au milieu.

Il faut visiter aussi les ornières pleines d'eau et y pêcher, suivant M. Aubé, avec un filet n'ayant pas plus de 4 à 5 centimètres de diamètre : on y prend des Altises, notamment la *Balanomorpha rustica* et beaucoup d'autres coléoptères rares.

On rencontre dans l'est de la France et sur les côtes de l'Océan et de la Méditerranée, des lacs salés dont les productions entomologiques sont spéciales, soit qu'on cherche sur les plantes qui croissent au bord, soit qu'on explore l'eau salée elle-même et les rivages qui l'avoisinent ; on y rencontre des *Heterocerus, Pogonus, Hydroporus, Anthicus,* qu'on ne trouve pas dans d'autres localités. Lorsque ces marais sont à moitié desséchés par la chaleur, il faut soulever les croûtes épaisses de limon ; on y trouve des Carabiques souvent assez rares.

Dès le mois d'avril, on peut commencer à se servir du filet, quoique la végétation ne soit pas toujours fort avancée ; mais les premiers rayons d'un soleil un peu chaud font sortir une multitude de petits Coléoptères qui s'envolent et se posent sur les tiges d'herbes souvent encore flétries, ou sur les buissons à moitié feuillés. C'est surtout aux mois de mai et juin, lorsque les prairies sont en fleurs, que le filet est utile pour ramasser une quantité de Chrysomélines et de petits Charançons. Il ne faut pourtant pas se borner aux prairies : les lisières des forêts, les clairières, les haies doivent être soigneusement explorées ; il en est de même pour les roseaux, les joncs, sur lesquels on trouve les Donacies. Le G. *Hœmonia,* qui a beaucoup d'affinité avec les Donacies, vit dans l'eau, accroché par ses tarses aux plantes submergées ; cependant il en sort quelquefois.

Le soir, au crépuscule, la chasse au filet produit de bons résultats ; il faut le promener à quelques centimètres de terre dans les endroits où l'herbe est courte ; quand elle est haute, on effleure le sommet des tiges. On trouve ainsi plusieurs insectes qui ne sortent qu'au crépuscule et qu'on chercherait vainement le jour ; mais une condition essentielle de cette chasse est qu'il n'y ait point de rosée ; s'il y a de la rosée, on n'arrive qu'à faire une bouillie du peu d'insectes qui tombent dans le filet.

C'est au moment où le soleil va se coucher, vers cinq ou six heures, qu'il faut faire cette chasse dans les clairières des bois pour prendre les *Colon* et quelques Anisotomides. Pour ces derniers, on en trouve plusieurs espèces pendant l'hiver, se promenant sur les talus, au pied des arbres, même pendant les gelées. Quelques autres affectionnent les plages sablonneuses du bord de la mer.

Pour les *Choleva* ou *Catops*, il est bon, lorsque cela est possible, de se faire une espèce de charnier où l'on dépose les rats, les taupes, enfin tous les petits cadavres que l'on peut se procurer : jusqu'à ce qu'ils soient complètement desséchés et rongés, ils procurent quelques Coléoptères, mais les pies sont des ennemies dangereuses pour ces nécropoles : il faut donc les recouvrir d'un dôme en toile métallique dont les mailles sont calculées de manière à laisser passer des insectes petits et moyens.

On peut chasser les Hydrocanthares toute l'année ; l'automne est la saison où ils sont le plus abondants ; néanmoins, quelques-uns ne se montrent qu'au premier printemps.

Les arbres morts, ceux qui ont des plaies, les monceaux de bois, sont autant de places précieuses pour le Coléoptériste : c'est là seulement qu'il pourra trouver des Xylophages, dont plusieurs sont fort rares. Quand le soleil frappe sur les tas de bois, on voit sortir des Longicornes, des *Enoplium*, des Buprestides ; les Priones, quelques Charançons, ne sortent que le soir. C'est ainsi qu'à Paris on a pris une seule fois en abondance une espèce qui ne s'est pas rencontrée depuis, le *Gasterocercus depressirostris*, et qu'à Fontainebleau on prend quelquefois l'*Ægosoma scabricorne* non-sculement sur le tronc des hêtres coupés, mais surtout dans les hêtres creux. Sous les écorces à moitié soulevées, sous celles des pins. des sapins, on trouve des insectes auxquels la forme déprimée du corps facilite la locomotion dans ces espaces rétrécis, comme les *Platysoma. Plegaderus, Nemosoma, Colydium.* etc. Quand on rencontre un tronc d'arbre dont l'intérieur à moitié décomposé est habité pas des fourmis, on peut espérer d'y rencontrer des Psélaphiens très-rares. Les *Batrisus* se trouvent au pied des gros arbres de haute futaic, sous la mousse qui sert d'habitation à quelques fourmis.

Nous voici amenés à parler de la chasse dans les fourmilières, chasse qui est connue depuis peu d'années et qui a fait connaîtro un assez grand nombre d'espèces inconnues jusqu'alors ; maintenant encore il arrive assez souvent d'y rencontrer des espèces ncuvelles. M. Mærkel, célèbre Entomologiste d'Allemagne, a donné dans le *Zeitschrift* de M. Germar, 5e volume, un catalogue des insectes myrmécophiles, qui se monte à 274 espèces, les Brachélytres seuls y sont compris pour 163, les Histérides pour 16, les Psélaphiens pour 22, et les autres familles pour 17. Depuis lors, ce nombre

a augmenté considérablement. Le moment le plus favorable pour explorer les fourmillières est le printemps et
l'automne : en été les fourmis sont trop actives et ne se
laissent pas impunément bouleverser ; d'ailleurs, à cette
époque, leurs habitants parasites sont moins nombreux,
ou se répandent aux environs ; en hiver, on y rencontre
aussi très-peu d'insectes. Il faut aller aux fourmillières
le matin ou le soir, lorsque la fraîcheur engourdit ces
Hyménoptères ; on en jette quelques poignées dans un
crible qu'on secoue sur la nappe : de cette manière on
découvre facilement les hôtes des fourmis, qui, à
cause de leur petitesse, seraient à peine visibles. Ceci
ne s'applique qu'aux hôtes internes ; car autour des
fourmillières, et souvent dans un rayon assez large, les
Myrmedonia se cachent sous les feuilles sèches : ces
Staphylins ne se rencontrent jamais qu'avec les fourmilières, quelquefois dedans, mais le plus souvent aux environs ; il faut ramasser les feuilles sèches, les secouer
dans le crible ou seulement les étendre sur la nappe,
où l'on voit les *Myrmedonia* courir en relevant les derniers anneaux de leur abdomen. Ce sont principalement les grosses fourmis noires et rousses (*Formica
fuliginosa, fusca, rufa*) qui sont assaillies par ces hôtes
de diverses espèces. La *Formica fuliginosa* fait son nid
le plus souvent au pied des vieux arbres à moitié
morts, dans les vieilles souches à fleur de terre, et c'est
dans ces sortes de fourmillières qu'on fait les trouvailles
les plus riches et les plus nombreuses : la *Formica rufa*
élève ces tas de débris en dôme que l'on remarque dans
les bois ordinairement sur les lisières ou au bord des

rencontre en quantité la *Myrmedonia humeralis*. Néanmoins les petites espèces de fourmis ne sont pas à l'abri de ces parasites : ainsi l'on rencontre *Lomechusa paradoxa* avec *Myrmica rubra* et *bipunctata*; *Lomechusa strumosa* et *emarginata* avec *Formica cunicularia*; la *Myrmica cespitum*, qui fait son nid au pied des touffes d'herbe, nourrit aussi quelques Myrmécophiles. Quand on lève les pierres qui recouvrent les galeries de ces petites fourmis, on trouve quelquefois attachès à la face inférieure l'*Hœterius quadratus*, petit Histéride assez rare, et le *Claviger foveolatus*; il faut pour cela que la surface de la pierre soit un peu poreuse et présente des anfractuosités où les insectes se cachent. Quelques petites fourmis percent aussi leurs galeries dans des branches mortes qui se trouvent à terre : il faut casser ces branches et les secouer sur la nappe.

Au premier printemps et à l'automne, les feuilles sèches au pied des arbres, dans les fossés, les mares desséchées, au bord des étangs, donnent des récoltes assez abondantes; le filet à mailles, dont nous avons donné précédemment la description, est fort utile pour cet objet.

Malgré le peu d'attrait de semblables recherches, il ne faut pas négliger les bouses et les autres matières excrémentielles et putréfiées, les charognes, etc.; quand ces matières sont sèches, il faut les secouer sur la nappe : c'est le seul moyen de ne pas perdre les petites espèces. La terre et surtout le sable que recouvrent ces matières doivent être creusés à plusieurs centimètres.

chemins ; c'est aux environs de ces fourmillières qu'on
Que les amateurs n'oublient pas surtout, lorsqu'ils rencontrent une pierre ou un cadavre sous lesquels ils ont
fait quelques recherches, de les remettre en place, afin
que ceux qui viendront après ne trouvent pas une bonne
localité détruite : c'est un exemple à donner et qui n'est
malheureusement pas toujours suivi.

Les fumiers, les couches à melons, la tannée, les ré-
sidus qui se trouvent sur le sol des bergeries et des étables, doivent être explorés avec soin ; le tamis est le
moyen le plus commode d'extraire les petits Staphylins
et quelques autres Coléoptères propres à ces localités ;
il faut même gratter ou brosser les murailles des étables
et des écuries pour ramasser les *Latridius*.

Les champignons nourissent un certain nombre
d'insectes qui leur sont propres, principalement des
Brachélytres ; ils sont ordinairement renfermés dans
l'intérieur du champignon, mais quelques-uns restent
à l'extérieur, dans les feuillets, et tombent au premier
attouchement. Il faut donc renverser rapidement les
champignons sur le nappe pour ne rien perdre : c'est
ainsi qu'on trouve des *Homalota, Boletobius, Tachypo-
rus, Triplax, Scaphidium*, quoique ces derniers genres
se rencontrent aussi sous les écorces d'arbres en décomposition, mais il faut qu'il y ait quelque bolet sous
l'écorce.

Les *Lycoperdina* ne se rencontrent qu'en automne
dans l'intérieur des *Lycoperdon bovista*, vulgairement
appelés vesses de loup, avec le *Pocadius ferrugineus* ;
ces insectes sont tellements recouverts par la poussière

brune du champignon qu'on ne les trouve qu'en palpant cette poussière. Le *Philonthus cyanipennis* habite les gros agarics un peu décomposés ; le meilleur moyen de le prendre est de déposer à terre ces agarics ; en revenant le lendemain on est presque sûr de rencontrer le Staphylin.

On trouve quelquefois sur les arbres et sur les vieilles poutres des bolets et des champignons ligneux ; il faut les détacher et les mettre dans un bocal : on en voit sortir de temps en temps des *Cis*, *Cryptophagus*, etc.

Un petit nombre d'insectes habitent les caves et les celliers obscurs, les uns sous les poutres et les morceaux de bois, les pierres, les autres attachés aux douves mêmes des tonneaux, comme le genre *Pitophlus*, de Heer. Les *Langelandia*, *Anommatus*, sont privés d'yeux et vivent sous les poutres dont la partie inférieure un peu moisie touche la terre.

Les cavernes qui existent dans tant de localités recèlent presque un monde entomologique à part. Ces insectes découverts depuis quelques années à peine commencent à devenir nombreux et sont extrêmement intéressants pour la science. Bien que privés d'yeux ils sont assez agiles ; la couleur de leur corps et leur diaphanéité les rend difficiles à découvrir. Il est prudent lorsqu'on veut bien scruter l'intérieur d'une grotte d'y déposer d'avance de petits tas de foin, de paille et même de crotins de cheval, qui puissent servir d'appâts pour les insectes cavernicoles. Nous pouvons prédire aux Entomologistes qui s'adonneront à cette recherche des découvertes qui les dédommageront amplement des peines qu'ils se seront données.

Les nids de chenille, processionnaires, ceux de bourdons, de frelons, de guêpes, sont autant de localités qui ont leurs hôtes particuliers, difficiles à prendre à cause de leur entourage; cependant ils en sortent quelquefois le soir et on peut les saisir à leur passage.

Lorsqu'un nid de guêpes ou de frelons est bien isolé dans son enveloppe, on peut, le soir, lorsque la colonie est rentrée et tranquille, introduire dans l'ouverture un tampon de coton fortement imbibé de chloroforme, bientôt les guêpes et frelons sont engourdis ou asphixiés et l'on peut sans danger faire l'examen de leurs cellules.

Une espèce d'Hyménoptères, le *Cerceris bupresticida*, ainsi nommé par M. L. Dufour à cause de ses mœurs, creuse son nid à plusieurs pieds sous terre et enfouit une quantite de Buprestes pour servir de nourriture à ses larves; lorsqu'on peut tomber sur un nid de cet insecte, on est sûr d'y rencontrer les espèces les plus rares, en nombre, et daus un état, surprenant de conservation.

Lorsque les ouragans cassent les branches d'arbres, il est bon de les examiner et d'emporter les fragments de bois mort où l'on remarque des perforations; on met ces fragments dans une boîte ou dans un bocal, et de temps à autre il en sort quelque insecte, soit xylophage, soit parasite, tels que *Anobium*, *Ptinus*, *Tillus*, *Hedobia*. Les branches, ou plutôt les tiges sèches de lierre renferment l'*Ochina hederœ*.

Les *Elmis* et les *Macronychus* se trouvent dans les eaux courantes, attachés par les crochets de leurs tarses aux inégalités des pierres qui tapissent le fond des cours d'eau. Quelques *Elmis* se rencontrent aussi dans les eaux stagnantes ; mais cela est rare. Le genre *Potomaphilus* se trouve dans les rivières, accroché dans les rugosités de l'écorce des arbres, à fleur d'eau ; on le prend quelquefois à l'île de Chatou.

Nous n'avons que peu de chose à dire quant à la chasse sur les fleurs, parce que cela dépend des yeux ; les ombellifères ; les fleurs d'oignons, les composées sont ordinairement les plus couvertes d'insectes, soit à cause de leur odeur pénétrante, soit à cause de leur conformation. N'oublions pas cependant de recommander de secouer au premier printemps, les arbres en fleurs, surtout les saules, les ormes, les aubépines ; certains insectes ne paraissent qu'à cette époque et sur ces fleurs.

Il est encore une localité trop négligée ; ce sont les murs, les parapets des ponts, des quais exposés au soleil, surtout au bord d'un bois ou dans le voisinage des chantiers et des jardins maraîchers où il y a beaucoup de fumiers et de couches. Les chantiers eux-mêmes sont très-intéressants pour le Coléoptériste qui peut les explorer avec facilité.

Enfin nous devons mentionner, bien qu'on ne puisse pas le considérer comme une localité, l'estomac des oiseaux insectivores. On ne doit pas négliger, lorsque l'occasion se présente, d'y chercher des insectes ; on en trouve de très-bien conservés, en grande quantité et souvent de fort rares, surtout chez les oiseaux nocturnes.

PRÉPARATION.

Les insectes ainsi recueillis de diverses manières dans des flacons ou dans des tubes, ne peuvent y rester long-temps renfermés, même avec un peu d'éther, ou de benzine, excepté les très-petits, et encore faut-il que le flacon qui les renferme soit bien sec. Le premier soin en revenant de la chasse est de tuer les insectes recueillis. Il ne faut pas se tromper à l'état d'asphyxie où l'éther les a plongés ; quelques-uns y succombent, mais c'est le petit nombre, et pour être sûr qu'ils ne reviendront pas à la vie, il faut les tuer par le feu. On les met dans une petite boîte de carton qu'on expose à la flamme d'une bougie ou d'une lampe, en ayant soin de ne pas chauffer plus que la main ne pourrait le sup-porter et d'y revenir autant de fois qu'il sera néces-saire ; ou mieux encore, on plonge la base des fioles ou tubes, débouchés, dans l'eau bouillante jusqu'à ce que les insectes qu'ils contiennent ne fassent plus aucun mouvement. Quant aux insectes jetés dans l'alcool pendant la chasse, il faut les en retirer et les laver avec de l'alcool plus fort ; sans cette précaution, une fois piqués, ils tournent facilement au gras, se cou-vrent quelquefois d'*acarus* et ont fort mauvaise tour-nure dans une collection. Si l'on ne peut arranger de suite le produit de sa chasse, il faut mettre les insec-tes dans une boîte et les laisser sécher en attendant l'occasion de les préparer. En voyage, il est commode de renfermer les insectes de petite et moyenne taille dans des boîtes en carton avec de la sciure de bois pour empêcher le ballottement : cette sciure demande une certaine préparation pour ne pas abîmer les insectes et ne pas être exposée à s'échauffer. Il faut prendre de la sciure de bois blanc, assez fine pour que les pattes et les autres parties fragiles des insectes desséchés ne soient pas brisées par les inégalités de parcelles de bois, mais pas assez fine pour ressembler à de la poussière ; quand on a fait ce choix, on humecte la sciure avec de l'esprit-de-vin où l'on a fait dissoudre un peu de sublimé corrosif ou un dixième de sulfure de carbone.

Ces dernières substances ne sont pas indispensables si les insectes ne doivent pas rester longtemps entassés et à l'humidité, mais elles sont fort utiles pour empêcher la moisissure ; avec cette méthode on peut placer beaucoup d'insectes dans un fort petit espace, ce qui est précieux en voyage, et ils ne sont pas exposés aux inconvénients inhérents au transport des boîtes d'insectes piqués. Quant aux gros Coléoptères, il ne faut les interner définitivement dans les boîtes garnies de sciure que lorsqu'ils sont parfaitement secs, sans cela ils pourriraient ; lorsqu'on n'a pas le temps de les faire sécher, il vaut mieux les piquer. En Angleterre, beaucoup d'Entomologistes font usage de flacons remplis en partie avec des feuilles de laurier-cerise hachées, dans lesquelles les insectes peuvent rester des mois entiers sans s'altérer (1).

Les insectes se piquent sur l'élytre droite, en regar-

(1) Voir ce qui est dit à ce sujet à l'article *Hémiptères* (conservation).

dant l'insecte la tête en haut, entre l'écusson et le bord externe, il faut se servir d'épingles bien aiguës et élastiques ; celles d'Allemagne réunissent seules ces deux qualités ; la grosseur varie suivant la taille des insectes ;

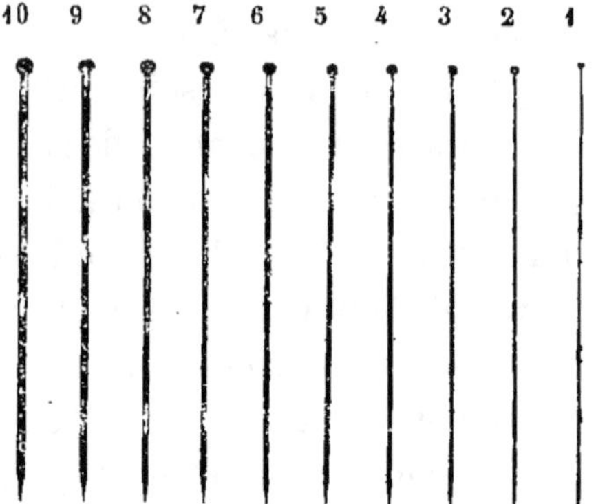

il en est de même pour la longueur, celle de 36 millimètres est la plus convenable sous tous les rapports ; depuis longtemps on se servait des épingles de 42 millimètres, mais maintenant, à l'exemple des Allemands, beaucoup d'amateurs français se servent d'épingles de 36 milimètres. Cependant il y a des cas où l'on est forcé de prendre une longueur supérieure à cause de l'épaisseur du corps mais ces cas sont très-rares dans nos pays (2).

Reste maintenant la question des petits insectes,

(2) Notons, en passant, qu'au lieu d'étendre les pattes et les antennes, comme le recommandent plusieurs ouvrages, il faut, au contraire, ramener les premières sous le corps, et les autres de chaque côté : l'insecte ainsi préparé est moins agréable à l'œil, mais il a l'avantage de ne pas tenir tant de place et de pas s'accrocher à ses voisins, sans compter que l'on casse souvent les membres en voulant leur donner l'attitude.

question très-controversée, et sur laquelle nous donnerons les deux méthodes différentes en exposant le pour et le contre. — Les anciens collectionneurs piquaient tous les insectes ; aussi avons-nous maintenant l'avantage de ne pouvoir reconnaître les insectes décrits par les auteurs, parce que la poussière et le vert-de-gris ont tellement envahi ces pauvres Coléoptères qu'on ne voit plus à leur place qu'un point sale et informe. Quelques personnes, à Lyon notamment et dans le Midi, suivent encore leur méthode, mais en remplaçant l'épingle par un fil de fer très-mince, ce qui est encore pire ; de cette manière on évite l'inconvénient du vert-de-gris, mais on est obligé de piquer sur le fond de la boîte des petits morceaux de moelle de sureau pour que le fil de fer puisse tenir ; ce fil est très-fragile, il se brise et se fausse très-facilement, il s'oxyde très-promptement et se casse dans le corps de l'insecte : s'il est vrai qu'on peut voir le dessous du corps, il faut avouer que ce n'est pas très-commode quand il s'agit d'un *Ptilium* ou même d'un Psélaphe : le dessus est toujours défiguré par le trou du fil de fer, et dans un petit insecte, il est très-important de voir facilement l'ensemble du corps.

Le second système consiste à coller les insectes ; cette méthode nous vient, je crois, d'Allemagne ; les Entomologistes de ce pays fixent l'insecte à la pointe d'une petite bande de fort papier ou de carte, en forme de triangle, tantôt avec de la gomme arabique, tantôt avec du vernis ; cette dernière matière est très-désagréable parce qu'il faut la faire dissoudre dans l'alcool pour retirer l'insecte. On a imaginé depuis de mêler à la gomme arabique la moitié de son poids de sucre, ce qui donne du liant à la gomme et l'empêche de se détacher quand elle est sèche ; il faut toujours se servir de gomme en morceau, parce que la gomme réduite en poudre se transforme en partie en amidon, ce qui la rend opaque et moins tenace ; il faut aussi employer du sucre candi ou du sucre en pain, de bonne qualité, ce mélange est moins fermentescible. La gomme mélée au sucre devient hygrométrique et attire facilement l'humidité ; il est donc utile pour empêcher toute végétation parasite, de mêler à la gomme un peu d'alcool tenant en dissolution un peu de sublimé corrosif (*bichlorure de mercure*) ou mieux encore de l'acide phénique qui donne d'aussi bons résultats et n'offre pas les dangers du sublimé qui, comme tout le monde le sait, est un poison extrêmement violent. C'est faute de cette précaution que l'on voit quelquefois des champignons se former sur la gomme et recouvrir à la fin tout l'insecte. En outre, on remplace ordinairement la carte par une paillette de mica, quadrangulaire, au milieu de laquelle est collé l'insecte ; de cette manière il ne court aucun risque, l'épingle peut tomber sans que l'insecte se sépare du mica, et comme il est au milieu, ses pattes et ses antennes sont à l'abri.

Les partisans du système précédent reprochent à celui-ci d'empêcher de voir le dessous des insectes, mais c'est là une objection puérile et sans fondement ; d'abord, il est très-facile, quand on a plusieurs individus d'une même espèce, d'en mettre un sur le dos ; en deuxième lieu, il est non moins facile, quand on veut examiner en dessous un insecte collé, de le jeter dans quelques gouttes d'eau distillée ; une fois décollé, on l'examine et beaucoup plus commodément que s'il était piqué.

Lorsqu'on prépare des insectes qui, comme les *Ptilium*, ne sont pas plus gros qu'une piqûre d'épingle, il faut commencer par coller, au milieu du mica, un petit carré de papier blanc un peu plus grand que l'insecte, et sur ce papier on place le Coléoptère. Cette précaution est nécessaire pour le bien apercevoir, ce qui serait difficile sur le mica, à cause du brillant de cette matière.

Les amateurs qui préfèrent les insectes collés sur des petits morceaux de papier fort ou de carte, se servent avec avantage d'une feuille tendue sur un petit cadre en bois, ayant environ un centimètre d'épaisseur. Avant de coller le papier on trace à l'encre les cases qui doivent contenir des insectes et l'on coupe d'avance sur les lignes longitudinales, de sorte que la feuille pleine, quelques coups de ciseau suffisent pour tout diviser.

Ce système a surtout l'avantage pour le voyageur d'économiser beaucoup de place, en permettant de superposer les cadres les uns sur les autres sans craindre d'écraser les insectes.

Lorsqu'on veut ramollir un insecte desséché, on le pique, ou on le pose, sur du grès mouillé au fond d'un vase qui ferme hermétiquement, et au bout de 8 ou de 10 heures au plus, on peut le manier sans crainte de le casser. Qnand il s'agit d'un petit insecte qu'on veut coller, il faut le jeter dans de l'eau dis-

tillée, l'y laisser ramollir quelques minutes , puis on le
retire avec un pinceau, on le met sur une feuille de papier sans colle, pliée en plusieurs doubles, pour absorber
l'humidité : avec le pinceau on arrange les pattes et les
antennes : si c'est un insecte qui ait des poils ou du
duvet, il faut, avant d'y toucher, prendre une grosse
goutte d'eau avec le pinceau, la poser sur l'insecte qui
est sur le papier, et le laisser sécher ; sans cette précaution, les poils et le duvet s'endommagent et se collent
les uns sur les autres. Quand l'insecte est sec, on pose
une très-petite goutte de gomme sur la carte ou sur le
mica, on enlève l'insecte avec le pinceau légèrement
mouillé et on le met sur la gomme ; il faut qu'il soit bien
sec ; sans cela, par l'effet de la capillarité, la gomme remonte sur le corps et finit par le couvrir d'un enduit très-
désagréable à l'œil et pour l'étude. Nous avons insisté
sur l'eau distillée, parce qu'il arrive souvent que l'eau
ordinaire, même filtrée, renferme quelques principes
minéraux qui se déposent sur l'insecte sous la forme
d'une croûte blanchâtre, faisant le même effet que la
gomme remontée.

Quand des insectes finissent par se couvrir de moisissure, il faut les laver avec de l'alcool très-fort dans
lequel on fait dissoudre soit du sublimé corrosif, soit
de l'acide phénique, soit comme le préfère M. Leprieur
un peu d'acide arsénieux, ou ce que nous croyons encore être meilleur, avec de la benzine. Ce dernier liquide est aussi excellent pour rendre leurs couleurs aux
insectes tournés au gras ; mais alors un simple lavage
suffit rarement ; on doit les immerger pendant un temps

plus ou moins long, douze heures sont généralement suffisantes. Le même moyen peut également s'employer pour les insectes qui sont attaqués par les *acarus* ou les *anthrènes*; mais il est préférable de les piquer dans un vase ou une boîte fermant bien et contenant du cyanure de potassium. Pour éviter les attaques de ces animaux destructeurs, il faut ouvrir souvent les boîtes; il est très-bon aussi de mettre un peu de camphre dans un sachet en gaze, ou de verser un peu de benzine sur un fragment d'éponge fixé sur une épingle; il vaut encore mieux verser un peu de benzine dans le fond de la boîte, mais avec la précaution de la laisser se répandre bien également sur toute la surface, pour éviter les traces jaunes que ce liquide laisse sur le papier.

Pour piquer les insectes, dans les boîtes, on se sert d'une pince; la plus commode est celle dont l'extrémité est légèrement recourbée, ce qui permet de prendre l'épingle en dessous de l'insecte, et dont

la surface extérieure est sillonnée pour ne pas glisser dans la main.

Enfin, comme il faut bien admettre qu'on casse parfois des insectes, nous devons indiquer le mode de raccommodage le plus convenable; c'est la gomme laque dissoute dans l'alcool et la colle forte liquide qui nous paraissent devoir être préférées; la gomme arabique serait bien plus commode, mais elle a moins de tenacité et se moisit très-facilement.

3.

Pour compléter notre cadre, nous devrions maintenant parler de l'arrangement d'une collection, mais ici l'invidualité commence et nous n'avons plus rien à enseigner : bornons-nous à dire que les boîtes, tiroirs ou cadres, doivent fermer hermétiquement, que la propreté est le meilleur préservatif contre les mites et les anthrènes, et qu'il faut pour cela visiter souvent sa collection, car les larves d'anthrènes n'aiment pas à être remuées ; les secousses données aux boîtes font tomber ces fléaux des entomologistes et finissent quelquefois par les tuer. Avec ces principes et l'amour de l'Entomologie, un amateur finira bien vite par se mettre au niveau de ses confrères ; mais si le feu sacré manque, tous les volumes que nous écririons ne parviendraient pas à l'allumer.

Nous croyons cependant devoir faire une recommandation aux entomologistes qui ont déjà réuni un certain nombre d'insectes et qui veulent s'en occuper sérieusemet ; c'est de commencer par se procurer le nombre de boîtes nécessaires pour une collection et d'y ranger les étiquettes de toutes les espèces qu'ils veulent réunir. De cette manière on évite l'immense perte de temps qui résulte d'un reclassement général lorsque de nouvelles richesses l'exigent. On voit bien mieux d'un coup d'œil les espèces qui manquent et dès qu'on s'est procuré un nouveau Coléoptère, il trouve immédiatement sa place. D'ailleurs une collection bien rangée, même médiocrement nombreuse, offre toujours un certain intérêt et nous ne saurions trop rappeler aux débutants en Entomologie que là, comme dans toute l'histoire naturelle, il est presque impossible de progresser sans l'esprit d'ordre et de méthode.

Quant à l'étiquetage nous n'en parlerons pas, c'est une question tout à fait individuelle, nous mentionnerons seulement que le fond de l'étiquette ou les filets qui la bordent sont de différentes couleurs ; les entomologistes ont l'habitude de désigner par ces couleurs la patrie de l'insecte, le blanc désigne l'Europe, le jaune l'Asie, le bleu l'Afrique, le vert-bleu l'Amérique du nord, le vert-jaune l'Amérique du sud, le rose l'Océanie.

On a adopté aussi pour désigner les sexes, des signes particuliers ; ♂ mâle et ♀ femelle, les mêmes dont on se sert en cosmographie, pour indiquer Mars et Vénus.

Nous ne terminerons pas sans parler des ouvrages entomologiques que nous pouvons recommander, il y en a un fort grand nombre, plus ou moins utiles ; mais notre intention n'est pas de les énumérer tous, nous ne devons pas oublier que ce livre est destiné surtout aux commençants.

Le premier que nous citerons est le *Genera* des coléoptères d'Europe commencé par Jacquelin du Val ; cet ouvrage comprend d'une façon détaillée les généralités qu'il importe à tous les entomologistes de connaître ; et la description de tous les genres d'Europe, description appuyée par les magnifiques figures coloriées de MM. Migneaux et T. Deyrolle, qui représentent 1600 types de coléoptères.

Après cet ouvrage qui forme la base de l'étude des

insectes d'Europe, les plus importants à consulter sont *l'Histoire naturelle des coléoptères de France* de M. Mulsant, notre *Faune entomologique française* interrompue depuis plusieurs années, dont nous allons reprendre bientôt la publication, et l'*Abeille* de M. de Marseul, recueil dans lequel paraîtront successivement des monographies de toutes les espèces européennes et circaeuropéennes.

Enfin il est un autre genre d'ouvrages dont ne peut se passer l'entomologiste, ce sont les catalogues qui sont les guides indispensables pour le rangement des collections, ils sont assez nombreux ; mais nous recommandons spécialement comme le plus étendu et le plus moderne, le *Catalogue des Coléoptères d'Europe*, par Jacquelin du Val et M. Fairmaire, qui contient la synonimie complète et l'habitat de chaque espèce ou variété ; puis le *Catalogue des coléoptères de l'Europe et du bassin de la Méditerranée en Afrique et en Asie*, de M. de Marseul, qui a également publié sous le titre : *Catalogus coleopterorum Europæ et confinium* une liste numérotée des coléoptères de l'Europe et des régions voisines, ouvrage indispensable pour les relations d'échange.

Ces quelques livres suffiront aux jeunes entomologistes tant qu'ils ne colligeront que les espèces d'Europe ; lorsqu'ils s'occuperont d'exotiques, ils seront assez avancés pour pouvoir discerner soit les faunes locales, soit les monographies qui leur seront les plus utiles ; mais comme base de leur étude ils devront se procurer le *Genera* des *coléoptères* de M. le professeur

Lacordaire, publié dans les suites à Buffon. Il est aussi des foyers de renseignements dont il est bon de parler : ce sont les sociétés qui s'occupent de cette branche de l'histoire naturelle, il y a en France la *Société Entomologique de France* fondée en 1832 ; dont les annales contiennent de nombreux documents pour la détermination des insectes, puis la société d'*Insectologie agricole* récemment fondée, qui ne s'occupe d'Entomologie qu'au point de vue pratique et qui certainement rendra d'immenses services à l'agriculture et à l'industrie.

L. FAIRMAIRE.

Ex-Président de la Société Entomologique de France.

ORTHOPTÈRES

L'étude de cet ordre semble un peu négligée jusqu'à présent, tandis que celle de plusieurs autres, notamment les Coléoptères et les Lépidoptères, jouissent d'une préférence très-marquée. Il renferme pourtant des insectes qui ne le cèdent guère aux mieux favorisés pour la variété des formes, l'éclat des couleurs, l'attrait que peut offrir l'étude de leur mœurs et l'utilité de son application.

CHASSE.

Le filet à faucher est encore ici un ustensile de première nécessité et celui déjà indiqué pour les Coléoptères, page 14, pourra être avangeusement utilisé ; cependant comme la plupart des Orthoptères sont très agiles et obligent à de longues poursuites pour s'en rendre maître, il est bon que l'on en ait un plus léger à sa disposition, mais pourtant assez solide pour résister à des chocs violents ; celui que nous conseillons nous semble réaliser très-bien ces conditions. Il se compose : 1° d'un cercle en fer rond assez fort, de 30 centim. environ de diamètre, formé de deux branches réunies par une charnière, l'une d'elles étant munie à son extrémité d'une vis, pourvue à sa base d'un petit empattement, carré qui peut entrer à frottement dans le trou que porte l'extrémité de l'autre branche, de manière à tenir le filet ouvert lorsque l'on chasse ; 2° d'un manche formé d'une forte tige de roseau, pourvue au bout d'une douille en cuivre, creusée d'un pas de vis au moyen duquel on unit solidement le cercle au manche ; 3° d'un profond sac en toile légère, ou de tulle ayant une coulisse destinée à recevoir le cercle de fer.

Parmi les ustensiles pouvant servir à la capture des Orthoptères, nous citerons encore la pince et l'écorçoir dont les usages sont déjà indiqués, pages 20 et 21 ; le parapluie p. 17 destiné à recevoir les espèces peu agiles que l'on fait tomber en battant les arbres, les buissons, etc.

Tous les Orthoptères d'Europe sont terrestres. Les époques de l'année où il convient de rechercher la grande majorité des espèces qui habitent les environs de Paris, sont l'été et l'automne. L'amateur, s'il veut faire des chasses fructueuses, devra braver l'ardeur du soleil, car la plupart de ceux de ces insectes qui habitent notre climat aiment éminemment la grande chaleur.

Les Orthoptères sont peu nombreux en espèces ; le nombre de ceux qui ont été trouvés jusqu'à ce jour aux environs de Paris, peut être évalué à environ une soixantaine. Parmi les espèces les plus rares de la faune parisienne, nous nous contenterons de citer les suivantes :

Mantis religiosa Lin. à Fontainebleau, au mois de septembre.

Œcanthus pellucens Scop. trouvé une fois à l'état parfait, vers la fin de l'été, aux environs de Saint-Germain-en-Laye.

Myrmecophila acervorum Panz. petit Orthoptère excessivement rare en France, trouvé une seule fois par M. Audouin dans une fourmilière, en août 1835, près du bois de Sèvres.

Locusta mandibularis Charp. (*Conocephalus mandibularis*), se trouve dans les prairies tourbeuses d'Itteville au mois d'août.

Les *Stenobothrus nigromaculatus* Herr. Schæff. *Hæmorrhoïdalis* Charp. et *Petræus* Brisout. se plaisent sur les coteaux arides de Lardy, aux mois d'août et de septembre. Le *Stenobothrus binotatus* Charp. aux friches d'Aigremont, aux même époques.

Epacromia thalassina Fab. se trouve à Fontainebleau aux mois d'août et septembre.

Pachytylus nigrofasciatus Latr. trouvé aussi à Fontainebleau au mois d'août et au Vésinet en juillet.

Le *Tetrix depressa* Brisout. Espèce méridionale, indiquée de Fontainebleau, d'après l'ancienne collection de M. Serville, n'a pas été retrouvée à la localité citée. De nouvelles recherches sont nécessaires pour établir que cette espèce appartient réellement à la faune des environs de Paris.

Lorsqu'on s'est emparé d'un Orthoptère, et en particulier d'un Orthoptère sauteur, il faut toujours le faire entrer dans le flacon ou tube la tête la première. Sans cette précaution, l'on risquerait d'en perdre souvent, l'insecte pouvant s'élancer au dehors au lieu de se précipiter à l'intérieur. Il est utile d'éviter, autant que possible, de mettre des Acridites avec des Locustides et des Grillides vivants ; ces derniers mordent beaucoup et détruisent en peu de temps tout ce qui les entoure. Pour cette même raison, et aussi à cause des efforts qu'elles font pour sortir de leur prison, on doit séparer les grandes espèces d'avec les petites qui, sans cela, seraient promptement abîmées. On peut faire la même recommandation à l'égard des grosses espèces d'Acridites qui pourraient, en se débattant, gâter les petites, si on les mettait ensemble dans le flacon. Cependant on peut placer ensemble des Orthoptères de différentes familles et de différentes grosseurs, en ayant soin d'isoler chaque individu en l'entourant avec du papier bien souple et non collé.

PRÉPARATION.

On peut, sans inconvénient, comme pour les Coléoptères, page 38, jeter les Forficules, les Blattes et les Grillons dans de l'alcool, mais ce liquide altère en général les couleurs des Acridites'; aussi son emploi doit-il être rejeté si l'on veut ensuite dessécher ces insectes. Nous en dirons autant de l'éther ; ces deux substances ont, en outre, l'inconvénient de rubéfier beaucoup d'Orthoptères sauteurs ; l'action de la chaleur produit le même effet. Les liquides qui conviennent le mieux pour tuer promptement les Orthoptères, sont la *benzine* et le *chloroforme*. Voici de quelle manière il convient de procéder : dans des tubes ou des flacons de différentes grandeurs on met une certaine quantité de sciure de bois, suivant leur capacité, et l'on y verse une dose de benzine ou de chloroforme que l'on mélange bien avec la sciure, telle qu'elle puisse donner rapidement la mort aux insectes, sans être assez forte cependant pour les altérer ni dans leurs formes ni dans leurs couleurs. Le chloroforme étant une substance plus énergique que la benzine, la quantité qu'il faut en employer pour arriver au même résultat est à proportion moindre.

Ces deux liquides ont bien aussi, comme l'éther et certaines essences, l'inconvénient de rubéfier la plupart des Orthoptères ; mais moins cependant, parce qu'on n'est pas obligé de les employer en aussi grande quantité, et qu'à dose moindre ils font mourir plus rapidement. Par une mort prompte on prévient le désagrément que présentent les Orthoptères sauteurs de se désarticuler très-facilement les pattes postérieures ; tous sont d'ailleurs plus ou moins fragiles et très-susceptibles de perdre quelques-unes de leurs pattes, les antennes d'un grand nombre d'entre eux sont aussi très-exposées à se rompre.

En voyage on peut faire très-avantageusement usage de la benzine, non-seulement pour tuer les Orthoptères, mais encore pour les conserver jusqu'à son retour. Il suffit, pour arriver à ce résultat, de remplir des tubes ou des flacons bouchant bien, avec de la sciure de bois imbibée de benzine, dans laquelle on place les insectes en ayant soin toutefois d'ajouter de temps en temps un peu de benzine, à mesure qu'on s'aperçoit qu'elle s'évapore, c'est ainsi que nous avons vu rapporter des Basses-Alpes et des Pyrénées, un certain nombre d'Orthoptères dans un état de conservation très-satisfaisant.

Si l'on s'est servi de chloroforme, il est bon, au retour de la chasse, de laisser ses insectes quelque temps à l'air pour qu'ils reprennent leur souplesse, le chloroforme ayant la propriété de les raidir et les rendre plus ou moins cassants, propriété dont on combat ainsi les effets.

La dessiccation des Orthoptères est une opération qu'il est un peu difficile de mener à bonne fin, surtout pour les grosses espèces qui tournent facilement au gras. Afin d'éviter cet inconvéneint, et aussi pour conserver les couleurs, des entomologistes ont recommandé de vider ces insectes et de les bourer ensuite avec du coton. Cette opération donne en effet des résultats très-satisfaisant lorsqu'elle réussit, mais elle est délicate et demande une certaine dextérité pour être pratiquée avantageusement. Un des meilleurs moyens pour dessécher les Orthoptères, est de les mettre dans la sciure de bois très-sèche, dans laquelle on a préalablement versé une petite quantité d'essence de thym ou de lavande. On peut employer indistinctement pour cet usage des boites en fer-blanc, en bois, en carton, ou des flacons à large ouverture, ou bien encore de grands tubes en verre, fermés avec des bouchons de liége. Il faut avoir soin de ne pas mettre trop d'insectes ensemble, de façon que la quantité de sciure de bois qu'on emploie soit suffisante pour amener la dessiccation.

Les Orthoptères peuvent être piqués soit avant d'être séchés, soit après, ou encore avant que leur dessiccation soit complète; s'il sont entièrement secs, il faudra les faire ramollir sur du sable mouillé, comme il est dit page 43, afin qu'ils ne se brisent pas entre les doigts ou qu'ils ne perdent pas quelques-unes de leurs parties en les piquant. Pour les sécher de nouveau, après avoir été ramollis, on use du procédé ordinaire, qui consiste à les laisser à l'air libre. Il faut, dans tous les cas, lorsqu'on les fait sécher définitivement, maintenir les pattes et les antennes dans la position qu'on veut leur conserver. Pour les Forficules et les Blattes, nous recommandons d'attendre, pour les piquer, qu'ils soient déjà au moins à moité secs, afin d'éviter la séparation des anneaux du corps, ce qui arrive souvent.

Les Blattes, les Mantes et les Orthoptères sauteurs, doivent être piqués derrière le corselet de manière à percer en dessous le milieu de la poitrine. Chez les espèces où le corselet se prolonge beaucoup en arrière comme chez les Tetrix, on ne peut faire autrement que de les piquer sur le corselet même. Il n'y a qu'un peti nombre d'espèces qu'on est obligé de coller à cause de la petitesse de leur taille.

Pour bien voir les ailes des Orthoptères, il est nécessaire de les déployer et de les étaler, on se sert pour cela d'étaloirs pareils à ceux en usage pour les Lépido ptères et les procédés sont à peu près les mêmes; pourtant il faut ici des rainures relativement plus larges et plus profondes, à cause des jambes postérieures très-développées.

CONSERVATION.

La conservation des Orthoptères n'offre pas de difficulté sérieuse et nous pouvons renvoyer aux procédés déjà indiqués pour les Coléoptères et ceux qui le seront pour les autres ordres. Pour faire disparaître la moisissure, on emploie très-efficacement l'éther ou l'alcool, tenant en dissolution une très-légère fraction de sublimé. Les moyens préservatifs tels que le camphre, les essences, peuvent servir à protéger une collection tant qu'elle n'est pas sérieusement attaquée, mais ils deviennent insuffisants si les insectes destructeurs ont déjà commencé à exercer leurs ravages. Il faut alors avoir recours à des moyens plus énergiques, l'emploi de la benzine en évaporation dans les boîtes, soit imbibée sur une petite éponge, ou un tampon tenu en suspension à l'extrémité d'une grande épingle, soit versée sur une des parois intérieures de la boîte ou cadre et renouvelée à quelques jours d'intervalle, suffit généralement à la préserver pour un temps assez long ; mais si pour toute la collection on a le temps d'appliquer le procédé de M. de Selys, indiqué au chapitre : *Conservation des Névroptères*, nous pensons qu'il doit être efficace.

Une condition qui contribue beaucoup à la conservation des collections entomologiques en général, c'est qu'elles soient contenues dans des boites bien closes et renfermées dans un local bien sec et avoir soin de surveiller de temps en temps les boites qui renferment des insectes, pour arrêter dès leur origine les premiers germes de destruction, qui feraient sans cela des progrès rapides.

Louis Brisout de Barneville.

HÉMIPTÈRES

(Rhyngotes *Fabricius*).

Groupe des insectes munis d'un bec articulé contenant des soies internes et ayant des métamorphoses incomplètes.

Dans la structure des Élytres, ils présentent assez de différence, pour pouvoir facilement être divisés en deux sections ou sous-ordres que l'on appelle Hémiptères *Hétéroptères* et *Homoptères*.

Les premiers se faisant remarquer par des Élytres qui paraissent formées de 2 parties, l'une basilaire coriacée l'autre apicale membraneuse ; les seconds offrant au contraire une surface égale et le plus souvent membraneuse.

Nous allons indiquer les meilleurs moyens de pouvoir chasser, récolter et conserver les insectes qui composent cet ordre.

DES INSTRUMENTS.

Comme pour les Coléoptéres, il est nécessaire d'avoir deux filets, c'est-à-dire, un pour faucher, un pour pêcher, et comme ils n'offrent rien de particulier, nous renverrons au chapitre qui traite des Coléoptères, p. 14, Nous en dirons autant de l'écorçoir, du parapluie et du tamis, qui peuvent servir ici. Mais nous attirerons l'attention sur la *nappe*, dont l'emploi est des plus favorables à la chasse des Hémiptères, nous la prenons assez grande et d'environ deux mètres sur toute face. C'est avec elle que nous prenons les espèces les plus intéressantes et une fois le gros d'une collection formé, on peut se passer des autres instruments, mais jamais de la nappe avec laquelle nous récoltons la majeure partie des Homoptères, les *Cixius*, les *Delphax*, les *Acocephalus*, les *Jassus* et les *Typhlocyba*. Pour toute cette famille il faut être leste et avoir toujours tout prêt : d'une main, un flacon muni de papier et de sciure, et de l'autre un

tube destiné à faire monter, sauter, ou tomber dedans,
les insectes qui sont sur la nappe ou bien dans le
filet ; une fois l'insecte dedans, on le renverse dans le
flacon un peu éthéré. Pour réussir avec la nappe, on
l'étend par terre au milieu d'une clairière, entourée
d'herbes hautes ou d'arbres ou d'arbustes et l'on bat
les uns et les autres avec une branche ou le filet et en se
promenant tout autour. De cette manière les Homoptères, qui presque tous sont éminemment sauteurs, voltigent ou sautent dessus, et l'on n'a plus qu'à s'asseoir
à son aise pour récolter ce qu'il y a dessus. Soit que
l'on emploie la nappe ou le filet, et pour celui-ci, nous
engageons, vu la fragilité des captures, de ne donner
qu'un seul coup, deux au plus, puis examiner le fond
de la poche ; nous ne saurions trop recommander de ne
jamais employer le doigt mouillé , car ainsi vous abî-
meriez sans remède vos captifs. C'est extraordinaire la
quantité d'espèces, que presque sans fatigue, on peut,
récolter ainsi et sans les abîmer ; la nappe peut encore
servir à verser dessus le contenu du filet.

Nous recommanderons d'emporter avec soi papier et
crayon pour noter des observations, et tubes pour mettre
les espèces rares ; ainsi pour les *Aphis*, nous conseillerons de les mettre dans un cornet ou dans un tube
(chaque espèce séparée), en écrivant dessus le nom de
la plante. Plus loin nous verrons la manière dont
nous conseillons de les conserver.

De plus, pour compléter le bagage entomologique,
il est nécessaire d'avoir des pinces très-fines et un flacon
d'éther ou de benzine, en outre un flacon de rechange

et des tubes bouchés, ainsi que deux de grandeurs différentes pour y faire sauter les Homoptères ou faire tomber dedans les Hétéroptères, tels que les *Capsites* qu'on ne peut toucher sans leur enlever un membre. Enfin un dernier moyen, facile pour les fumeurs, est l'emploi de la fumée de tabac, pour forcer un grand nombre d'espèces à sortir de leur cachette ; on prend ainsi des espèces très-rares, et les coléoptéristes en tireront aussi très-grand parti. Pour les Hémiptères, ce moyen est très-bon pour trouver parmi les herbes un grand nombre de petites espèces qui sont fixées aux tiges et qu'on ne peut voir ; nous avons pris ainsi un grand nombre de *Tingis*, de *Paropia*, etc., invisibles dans la poussière et que l'odeur de la fumée faisait fuir. Nous ferons donc entrer la pipe au nombre des instruments dont un bon chasseur doit être muni.

DE LA CHASSE.

Quel est le moment, quand peut-on, ou quand doit-on chasser ? On peut répondre : Toujours ; mais s'il est vrai qu'il y ait toujours à trouver, cependant il est bon d'ajouter que ce n'est guère que pendant les mois de juin, juillet, août et septembre qu'il convient de chasser. Mais justifiant notre première réponse, toujours, nous dirons que pendant les froids, les pluies ou la rosée l'on peut encore chasser. Si le filet ne peut s'employer, on a l'écorçoir pour chercher sous les écorces et la fumée de tabac pour faire sortir de leur retraite, les espèces qui hivernent dans les mousses, sous les détritus et dans les fagots.

Les espèces les plus communes peuvent sans contredit se prendre sans beaucoup de mal ni de recherches, à coups de filet ou avec la nappe, mais il y a quantité d'espèces que l'on ne prend qu'en les cherchant des yeux. Or ce sont sans contredit les meilleurs instruments pour la chasse, mais encore faut-il savoir où la faire? Ici encore un mot vient répondre : Partout; ainsi, en hiver, vous pourrez, sous les mousses, prendre des *Tingis*, des *Paropia* et des *Jassites*, ainsi que dans les anfractuosités des écorces, des feuilles contournées, des *Xylocoris*, dans les fagots, des *Pachymerus*, etc.; mais nous le répétons, à moins d'y être forcé, c'est-à-dire de n'avoir de libre que cette saison, il vaut mieux attendre l'été, car on prendra alors toutes les espèces que l'on trouve dans le trimestre d'hiver; mais c'est principalement à l'arrière-saison, septembre et octobre, époque à laquelle les Hémiptères complètent leurs métamorphoses, que l'on prend le plus d'espèces dans nos climats. Cependant, dans le mois de mars, nous engageons l'hémiptériste à ne pas oublier la chasse dans les fourmillières, car plus tard il n'y trouverait plus rien, elle se fait comme pour les Coléoptères, page 23.

C'est surtout pendant l'été que la nappe fournira le plus d'espèces. On prendra ainsi quantité de *Cixius*, de *Delphax*, mais tous ces moyens, nous le répétons, feront récolter des espèces qui veulent bien venir tomber sous les doigts ; pour d'autres, il faut chercher plus minutieusement, et c'est à plat ventre dans les herbes, dans les sablières, que l'on trouvera les espèces rares. C'est de la sorte, en remuant avec les doigts chaque brin d'herbe que l'on trouvera l'*Eupelix cuspidata*, le *Dorydium lanceolatum*. Cette dernière surtout, originaire de Sicile, et que nous avons prise dans une sablière à Bourray, près Paris; dans les champs de blé et après le chaume, et surtout dans les champs de millet, dans le Midi, les Tettigomètres; au bord de la mer, dans les soudes, l'*Asiraca crassicornis;* dans les endroits humides et sablonneux, l'*Asiraca clavicornis*, le *Caloscellis Bonellii*; sous le thym sylvestre, le *Paropia scanica*, les *Ulopa obtecta* et *trivia ;* en enlevant par plaques les thyms et les mousses, et enfumant ensuite la partie dénudée, l'on a bientôt fait une ample récolte. Dans les touffes d'herbes, en enfumant aussi la touffe, vous faites le plus souvent sortir des *Attysanus;* à Bourray, sous les thyms, nous recommandons encore une charmante espèce, inédite, un joli *Capsus*, très-voisin du *Triguttatus* Lin., et qui en diffère par l'absence de la tache du cubitus, espèce que je proposerai d'appeler *Thymi*, et qui est d'un beau noir, brillant sur la tête, le prothorax et l'écusson, velouté sur les élytres, avec une fascie blanche au sommet et à la base de celles-ci.

Toutes les fois qu'il y aura un accident de terrain, des buttes, des sillons ou des ados, mais anciens, nous conseillerons d'y chercher avec attention sur le côté le mieux exposé et le plus échauffé par le soleil; c'est ainsi que je prends dans le Midi, comme dans les environs de

Paris, au Vésinet et à Bourray, les *Ophtalmicus*, les *Neides*. Au bord de la mer, dans les parties excavées, au contraire, bien abritées, nous prenions en assez grand nombre l'*Henestaris Spinolæ*. Dans les endroits sablonneux et humides, il est incroyable ce que l'on peut prendre de bonnes espèces, mais il faut chercher avec attention en remuant avec les doigts et un à un pour ainsi dire chaque brindille d'herbe ; dans les espèces rares, il y en a plusieurs à prendre sur les plantes. Il ne faut pas négliger aussi l'inspection de certaines difformités ou monstruosités que l'on peut rencontrer sur les fleurs ou feuilles, et même sur les branches, ainsi : On prendra sur les festuques, à Bourray, dans les sablières et dans d'autres endroits analogues bien probablement, le *Dorydium lanceolatum*, sur l'Ononis arvensis le *Metacanthus punctipes*, ainsi que le *Cyllocoris annulatus*, sur certaines Graminées le *Micropus Spinolæ*, nouvelle espèce que j'ai trouvée en grand nombre à la station de Conflans, forêt de Saint-Germain, le long du chemin de fer. Au bord de la mer, nous prenions en grand nombre le *Micropus sabuleti* Fallen., qui se prend probablement dans les mêmes conditions en Italie ; sur les Teucrium le *Laccometopus clavicornis* Lin., qui fait avorter la fleur et en forme une cupule dans laquelle les larves vivent en famille ; sur les Carduacées une grande quantité de *Tingis* ; sur les feuilles et tiges d'un grand nombre d'arbres fruitiers on en trouvera également, ainsi : sous les feuilles des poiriers en espalier, on prendra en quantité prodigieuse, suivant les localités, le joli *Tyngis pyri*, véritable fléau des poiriers.

Les feuilles contournées cachent généralement des *Xylocoris*. Au bord des eaux, on prendra plusieurs petites espèces intéressantes, l'*Hydroessa pygmæa* et l'*Hébrus pusillus*; dans le Midi, le *Pelogonus marginatus* et des *Salda* dont les espèces varient suivant les localités. Au bord des cours d'eau caillouteux, dans le Midi, nous recommandons le *Chryptosemma alienum*, insecte très-agile, s'envolant avec une grande promptitude et qui se tient sur les cailloux au bord de l'eau même. Un autre genre dont la capture est plus difficile encore, se trouve dans les mêmes localités, nous voulons parler des *Leptopus* qui voltigent sur les pierres. Ce n'est guère que le soir que l'on peut les prendre, alors que l'ardeur du soleil est tombée, pendant le mois de septembre. Dans les endroits où il y a des flaques d'eau qui sèchent en été et qui sont recouvertes d'une espèce de couche herbacée, on trouve dessous, en les enlevant, la *Lichenobia Mulsanti*, insecte également très-vif et qui fuit entre les doigts.

Dans les eaux, on prendra avec des filets à pêcher toutes les *Hydrocorises*, et dessus les *Gerrides* et les *Velides*.

Nous attirerons l'attention de l'entomologiste hémiptériste sur les fourmis dont la marche nous conduira presque toujours à une capture : c'est ainsi que nous avons récolté le *Lachnus quercus*, Aphis remarquable par la longueur de son bec, trois à quatre fois plus grand que l'insecte, et qui était logé d'une manière introuvable, sous les anfractuosités des écorces; presque toujours le temps sera utilement employé à les suivre sur les branches, les arbres et les feuilles, et les plantes basses, comme dans les racines; vous trouverez toujours en les suivant, ou un *Aphis*, ou un *Kermès*, ou une *Cochenille*.

Les Aphis forment quelquefois des excroissances vraiment extraordinaires, aussi avons nous déjà dit de ne négliger aucune monstruosité ou difformité des plantes; ainsi l'excroissance de l'orme renferme le *Tetraneura ulmi*; celle du pédoncule de la feuille de peuplier le *Pemphigus bursarius*, et celle si remarquable en forme de rein du Pistachier, le *Pemphigus Pistaciæ* Lin. Les Aphis sont communs et se trouvent partout, même dans les racines de certaines graminées et de certaines plantes.

La chasse la plus difficile est celle qui a pour but de se procurer les ♂ des Kermès et des Cochenilles, et pour ce chapitre, nous ne pouvons malheureusement rien indiquer de précis; c'est le plus souvent le hasard qui fait tomber dessus. Cependant, à l'égard de ceux vivant dans les serres, je pense qu'on pourrait s'en procurer un certain nombre en chassant la nuit, au moyen d'une lanterne, tous les insectes en général étant attirés par la lumière, mais l'occasion ne s'est pas présentée pour nous d'en faire l'expérience.

Cependant, pour l'*Aspidiotus Lauri*, on pourra se le procurer en grand nombre au mois de juillet, en enlevant avec précaution, avec une aiguille, des plaques blanchâtres qui se remarquent quelquefois en très-grande quantité sous les feuilles du laurier-rose. Pour celui du rosier, en faisant de même des plaques qui se

4*

trouvent sur la tige. Mais pour les ♂ des *Lecanium* et des Cochenilles en particulier, c'est le hasard qui les fera trouver pendant les fortes chaleurs de l'été, mais plutôt avant midi ou le soir. Nous conseillerons donc une grande attention autour des arbres où l'on remarque des femelles. Sous les mousses, où il y a un grand nombre d'*Orthesia*, on pourra quelquefois récolter des ♂. Quant aux femelles, la chasse en est facile, peu d'espèces étant ambulantes et la plupart étant fixées par le rostre à l'écorce des plantes où on les voit facilement. La meilleure manière de les recueillir est d'enlever l'écorce avec un couteau et de les conserver ainsi en collection. Pour le genre *Porphyrophora*, dont la femelle vit à la racine des plantes et qui se promène, nous l'avons trouvée sous les sables des dunes de Saint-Quentin, où sa présence attira bientôt une infinité de ♂ qui se sont laissé prendre facilement. Il ne faut donc pas négliger d'examiner les racines, et pour ces espèces et pour les Aphis qui peuvent s'y fixer. Après avoir attiré l'attention du chasseur sur les divers moyens à employer pour collectionner, nous allons lui parler un instant du meilleur mode à employer pour conserver.

DE LA CONSERVATION.

Pour conserver une chasse, il faut, aussitôt rentré, s'occuper de débrouiller les espèces, de les séparer et de les piquer, ou de les coller, suivant leur grandeur ; en supposant qu'on ne puisse le faire de suite, il convient pourtant de sortir les insectes des tubes ou des flacons dans lesquels ils sont, après les avoir complètement tués soit par l'éther, soit par la chaleur, ce dernier moyen étant de beaucoup préférable ; car quelquefois par l'éther ils ne sont qu'anesthésiés, et au bout de quelque temps ils recommencent à remuer un membre, puis l'autre et bientôt à marcher, et alors ils peuvent s'abîmer. Nous conseillons donc de les chauffer légèrement dans un tube à peine bouché ; puis, l'opération terminée, on débouche et on laisse refroidir complètement, puis ensuite on le remplit de sciure bien sèche, on le bouche, et dans cet état on peut le conserver indéfiniment.

Lorsqu'on aura le temps, on pourra reprendre ses chasses que l'on fait ramollir, pour les piquer ou les coller. Pour les ramollir, on les verse sur une carte que l'on met au-dessus de sable mouillé contenu dans une soupière. Un autre moyen, qui nous a parfaitement réussi, consiste à mettre chaque fois, pendant une chasse de plusieurs jours, les insectes récoltés et tués dans un flacon renfermant de la feuille de laurier-cerise hachée assez grosse. Ce moyen a l'avantage de les conserver à l'état flexible et de permettre, aussitôt qu'on a un instant de libre, de pouvoir les arranger. Nous avons encore aujourd'hui, après quatre ans, plusieurs flacons dans lesquels nous conservons des doubles depuis ce temps. Ce moyen, qui n'est pas du reste de notre invention, nous a été communiqué par M. Wollaston de Londres, qui a rapporté ainsi toutes ses chasses de Madère. Dans une excursion de plusieurs jours, si l'on peut occuper ses soirées à coller ou à piquer, alors nous conseillerons pour cela, afin de ménager la place, de coller les petits insectes sur des bandes de cartes, sans les couper un à un, et de piquer plusieurs cartes à la même épingle, en les appliquant l'une sur l'autre et les maintenant par une autre épingle à chaque extrémité. Par ce moyen, on économise singulièrement la place, et arrivé chez soi, l'on n'a plus qu'à couper les cartes et à piquer chaque morceau avec une épingle. Pour mon compte, je préfère rapporter mes chasses à la maison pour les arranger à mon aise.

Pour la conservation définitive en collection, il faut ou coller ou piquer ; j'en ajouterai une troisième pour les Aphis, Kermès et Cochenilles, la conservation dans l'alcool affaibli ; car il est de toute impossibilité de leur conserver une forme sans cela. Aussi conseillons-nous, pour ces espèces, d'être pourvu de petits tubes tout prêts à recevoir la capture aussitôt prise. et en mettant le nom de la plante sur une étiquette collée d'avance. Il sera certainement plus aisé d'étudier ces insectes dans un liquide quel qu'il soit, que lorsque, collés ou piqués, ils seront desséchés et raccornis ; pour moi, dans cet état, ils sont bons à jeter, puisqu'ils ne peuvent servir qu'à rappeler un nom. En rangeant ces petits tubes par ordre dans un carton, cela ne sera pas plus désagréable à la vue, et je ne vois rien qui s'oppose à ce mode de préparation.

Le *piquage* se fait en général sur l'élytre gauche comme pour les Coléoptères ; pour nous, nous préférons l'écusson : c'est la pièce qui offre le plus de résistance et qui s'abîme le moins. De plus, comme il est quelquefois utile de voir le dos de l'insecte, on ne peut pas le faire lorsqu'une élytre est retenue par l'épingle. Il serait peut-être préférable de piquer l'épingle à la base du prothorax, un peu au-dessus de l'écusson, car dans les Hémiptères, dont les parties sont juxtaposées, la partie antérieure, c'est-à-dire le prothorax et la tête, se détache avec une très-grande facilité, et elle serait retenue ainsi au reste du corps.

Nous collons sur carton, d'autres préfèrent le mica ; quoi qu'il en soit, nous ne laissons déborder aucune partie de l'insecte, afin de le mettre mieux à l'abri de tout accident, le plus petit choc enlevant à celui-ci une antenne, à celui-là une patte. Quand on a plusieurs exemplaires, on fera bien d'en coller un sur le dos et un sur l'abdomen de chacun des sexes, afin de pouvoir étudier les différences sexuelles.

Nous employons pour coller une dissolution de gomme dans laquelle nous ajoutons un peu de sucre ou de miel pour la rendre moins cassante, et un peu de calomel pour l'empêcher de se moisir. Quelques personnes poussent l'éxagération jusqu'à piquer toutes les espèces, même les *Lecanium* ♂, et pour cela, on emploie un fil de fer, d'argent ou de platine ; et dans ce cas, le fond de la boîte doit contenir un morceau de moelle de sureau, partout où il est nécessaire de piquer. Pour nous, nous préférons l'excès contraire ; car en piquant, nous abîmons toujours, tandis qu'en collant, jamais.

Quant à l'esprit-de-vin comme moyen de conservation, le mélange suivant nous a paru un des plus convenables.

Alcool à 25 degrés. . . 150 grammes.
Eau. . . . . 200 —
Sublimé. . . . . 1 —

Ce mélange peut servir à mettre les Coléoptères pendant la chasse, mais non les Hémiptères qui tous, excepté ceux cités plus haut, s'abîmeraient par ce moyen, et pour ceux-ci en chasse, il faut de toute nécessité les mettre dans un flacon sec rempli de papier enroulé, et par précaution pour enlever l'humidité occasionnée par l'éther et les insectes eux-mêmes, on y met une certaine quantité de sciure de bois blanc, bien lavée et bien séchée. Pour la préparer, on prend la sciure qu'on tamise d'abord à un tamis, pour enlever le plus gros que vous rejetez, puis à un tamis moins gros par où passe le plus fin que vous rejetez également pour ne prendre que la portion qui reste sur ce second tamis. Vous la lavez d'abord à grande eau, puis à l'esprit de-vin, ce qui la débarasse de toutes les portions solubles qui pourraient par l'humidité salir les insectes, puis vous la faites bien sécher. Elle est alors dans l'état le plus satisfaisant.

Les Hémiptères sont en général abandonnés par ceux qui s'occupent d'histoire naturelle, et bien à tort, car aucun ordre ne présente plus de variétés de formes. A quoi tient cet abandon ? C'est ce que l'on ne pourrait dire et il est réellement à regretter que tous ceux qui veulent s'occuper d'entomologie s'adonnent

exclusivement ou aux Coléoptères ou aux Lépidoptères.

Nous ne pouvons penser que ce soit répulsion, car
s'il est vrai que quelques espèces, et c'est le plus petit
nombre, exhalent une odeur désagréable, il est aussi
vrai de dire qu'elle ne persiste pas après la mort, et que
nous ne voyons pas qu'elle soit plus désagréable que
celle que répandent un grand nombre de Carabiques, de
Melasomes et de Coccinelles.

Peut-être y aurait-il un motif plus sérieux, qui
serait le manque de collections pour se guider, ou le
manque d'ouvrages pour se renseigner. Il est vrai
que pour les premières, elles sont peu nombreuses, cependant en cherchant un peu on trouverait encore.

Quant aux seconds, ils ne manquent pas, et le jeune
étudiant en aura tout autant qu'il lui en faudra, et s'il
ne trouve pas tout réuni dans un même ouvrage, du
moins il trouvera toutes les familles traitées par des
auteurs sérieux.

Comme ouvrage pour les Hémiptères européens,
nous trouvons Panzer, Germar, Herrich, Schæffer,
Curtis, Walberg, Gorski, Amyot. Ce dernier, quoique
ayant une manière de voir particulière, donne cependant avec sa classification mononymique, une sy-
nonymie qui permet toujours de s'y reconnaître. Dans
les ouvrages généraux, nous trouvons Olivier et Le-
pelletier de Saint-Fargeau, dans l'Encyclopédie mé-
thodique; Burmeister, Hahn et H. Schæffer; Laporte
de Castelnau, Blanchard, Spinola; Guérin Meneville,
dans l'Iconographie du règne animal; Amyot et Ser-

ville, Suites à Buffon; Spinola, Tableau synoptique; Costa, Ins. d'Italie; et les Catalogues du Brithish Museum, Dallas pour les Hétéroptéres, et Walker pour les Homoptères. M. Mulsant s'occupe activement de la *Faune des hemiptères de France*, dont les deux premiers volumes sont déjà parus et en vente chez l'éditeur de ce Guide. Enfin plusieurs familles ont eu leurs historiens particuliers. Burmeister, Genera pour les Homoptères; Spinola, Études des Fulgorelles; Germar pour les Cigales, dans les Archives de Thon; le même, dans le Magasin d'Entomologie, volume IV, pour les divers genres d'Homoptères. Fairmaire pour les Membracides, dans les Annales de la Société entom.; nous-même sur les Tettigonides; Kirschbaum sur les Athysanus, etc. Pour les Aphides, Kaltenbach et Koch; pour les Hétéroptères, Fieber qui a parcouru plusieurs genres, entre autres les Corixes et les Tingis; Meyer Dür et Kirschbaum sur les Capsites, et enfin un assez grand nombre de Faunes locales moins importantes, mais dans lesquelles nous trouvons bon nombre d'espèces nouvelles. Humboldt et Bonplamd, Palisot de Beauvois, Th. Say, Hemprich et Ehrenberg, Brullé, Boisduval, Guérin, Boheman, Stâl, etc., etc., et enfin je finirai par les auteurs indispensables, ceux par qui j'aurais dû commencer : Linné et Fabricius. Je n'ai eu ici en vue que de faire voir en courant et *grosso modo*, que cet ordre a été traité par beaucoup d'auteurs, et que ce n'est pas le manque de travaux qui doit arrêter l'essor de l'hémiptériste. Une fois entré dans la lice, il trouvera des devanciers qui le mettront à même de marcher avec autant d'ardeur qu'il est possible, et si les collections ne sont pas nombreuses, si surtout celles publiques qui devraient être à la tête sont au contraire à l'échelon opposé et font défaut, il en trouvera de particulières qui lui viendront en aide, et avec le temps, il finira par en posséder une qui à son tour deviendra l'exemple et le modèle des autres.

Dr Victor SIGNORET,

Membre de plusieurs sociétés savantes,
Ex-Président de la Société entomologique de France.

NÉVROPTÈRES

N'ayant pas à discuter ici les questions de classification qui ont été soulevées à propos de l'ordre des Névroptères, nous le prenons tel que l'a constitué Latreille, et tel qu'il est présenté dans l'ouvrage de M. le docteur Rambur (1), le meilleur et le plus complet que nous possédions encore sur ces insectes. Nous prévenons cependant que, selon les vues de MM. Érichson et de Siebold, les Odonates, les Termitides, les Pso-

____

(1) *Histoire naturelle des Insectes Névroptères*, 1 vol. in-8º, faisant partie des Suites à Buffon. Roret, 1842.

cides, les Perlides et les Éphémérides, ayant des métamorphoses incomplètes, et la lèvre divisée, devaient être annexées aux Orthoptères.

Le nombre des amateurs de Névroptères est fort restreint, quoique ces insectes soient remarquables à beaucoup d'égards par leurs dimensions, leurs formes variées et la grande diversité d'organisation et de mœurs qu'offrent les différentes familles.

Un attrait de plus, qui devrait décider à collectionner davantage les Névroptères, c'est la chance de rencontrer beaucoup de nouveautés, dans un champ très-vaste et qui n'a été que peu cultivé.

Nous ne pouvons nous expliquer cette abstention presque générale des entomologistes, que par deux motifs sérieux : le manque de travaux descriptifs qui permettent de reconnaître les espèces, dans des familles où il y en a tant d'inédites, et la difficulté de préparer et de conserver les Névroptères.

Nous avons contribué autant qu'il dépendait de nous à résoudre la première de ces difficultés, par la publication successive de plusieurs Monographies sur l'ancienne famille des Libellulines de Latreille, soit seul, soit avec la collaboration de M. le docteur H. A. Hagen, de Kœnigsberg. Ce dernier s'est récemment occupé des Termitides et des Phryganides. On possède encore, pour ne citer que les travaux récents, ceux de M. Pictet, sur les Phryganides, les Perlides et les Éphémérides ; de M. Schümel, sur les Raphidides ; de M. Schneider, sur les Crysopa ; de MM. Klug et Weswood, sur les Némoptérides, et en sus de l'ouvrage de

M. Rambur, cité plus haut, le *Manuel entomologique* de M. le professeur Burmeister (1).

Quant à la difficulté de préparer et de conserver les Névroptères, nous espérons prouver par les indications que nous fournirons tout à l'heure, qu'elle n'est pas plus grande que pour tout autre ordre d'insectes, les Coléoptères exceptés.

Nous commencerons par quelques indications très-courtes sur la manière de chasser et de recueillir les Névroptères, en citant rapidement les différentes familles que l'on a rassemblées sous ce nom.

CHASSE.

En général, la chasse aux Névroptères n'offre rien de particulier, la plupart de ces insectes étant ailés, vivant à découvert à leur état parfait, et voltigeant en plein jour. On peut dire qu'elle est comparable à la recherche des Lépidoptères, et qu'un simple filet de gaze, s'ajustant au bout d'une canne, est suffisant pour le chasseur. Il faut pourtant que celui-ci se munisse de boîtes de chasse assez spacieuses, en raison de la forte taille de beaucoup d'espèces, et éloigne suffisamment

(1) Nous ajoutons encore l'excellent ouvrage de M. Hagen, *Synopsis of the Neuroptera of North America* (Smithson. Inst. 1861). — Les travaux de M. Kolenatisur sur les *Trichoptères*, 1848-1859. — Ceux de M. Brauer sur les *Chrysopa*, 1:50, et sur les Névroptères d'Autriche, 1857. — Enfin le Synopsis des Névroptères d'Espagne, par M. A. Edouard Pictet, fils du célèbre professeur (1865).

les individus capturés, pour qu'ils ne se déchirent pas les uns les autres au moyen de leurs pieds et de leurs mâchoires, souvent très-robustes. Un flacon d'alcool est encore nécessaire à ceux qui veulent conserver de cette façon les Éphémères et les larves des autres familles.

Les *Odonates* (Libellulines Latr.) voltigent presque toujours, à l'ardeur du soleil, sur les eaux stagnantes couvertes de plantes aquatiques, ou dans leur voisinage. Ce n'est pas sur les eaux courantes qu'il faut les chercher, excepté pour celles de la sous-famille des Caloptérygines (1).

Les *Agnathes* (Éphémérides) volent en société sur les rivières et les marais. Plusieurs espèces se rencontrent aussi sur les arbustes : quelques-unes voltigent pendant la nuit et s'approchent des lumières.

Les *Termitides* vivent en société, à la manière des Fourmis, dans les contrées chaudes et tropicales. Plusieurs se sont introduites dans les magasins des ports de mer de l'ouest et du midi de la France.

Les *Psocides*, qui ressemblent à des pucerons, se trouvent en général sur les arbres, et plusieurs espèces habitent les maisons, où elles attaquent les collections entomologiques.

(1) M. Blisson recommande aussi pour la chasse aux Libellulines de se pourvoir, en partant, de petits morceaux de papier carré-long doubles, au moyen desquels on rapproche les ailes l'une contre l'autre. On pique ensuite l'Insecte à plat, sur le côté, au fond de la boîte de chasse, à travers le thorax, et l'on fixe également le papier par deux autres épingles, qui ne traversent pas les ailes. De cette manière, les Libellules occupent moins de place, et ne se détériorent point en s'agitant.

Les diverses familles que **M.** Rambur réunit sous le nom de *Planipennes* ont des mœurs très-diverses : parmi les *Panorpides*, le genre curieux des *Boreus* se compose de quelques petites espèces aptères, du nord des deux continents, que l'on rencontre, en hiver, sautillant dans les feuilles sèches ou sur la neige dans les bois. Les *Bittacus* volent dans les forêts à la manière des Tipules, et les *Panorpa* se trouvent sur les buissons et les herbes, dans le voisinage des eaux de l'hémisphère boréal.

Les *Némoptérides* habitent les contrées chaudes de l'ancien continent ; ils volent à l'ardeur du soleil.

La famille nombreuse des *Myrméléonides* est à peu près cosmopolite, mais étrangère aux contrées froides. Les uns volent au grand soleil, les autres à l'ombre. Il faut les chercher dans les localités sablonneuses, qui se prêtent aux habitudes de leur larve, si connue sous le nom de Fourmilion.

Les *Ascalaphides* ont des mœurs analogues. Cependant, les espèces européennes se trouvent principalement dans les prairies humides des montagnes, où elles volent en s'élevant et en s'abaissant alternativement, à la manière de certaines Perles et Éphémères.

Les *Hémérobides* sont cosmopolites. Beaucoup d'espèces volent à l'ombre, dans le voisinage des eaux ; d'autres à l'obscurité, et se retirent dans l'intérieur des maisons.

Les *Mantispides* des pays chauds se rencontrent dans les herbages et sur les buissons.

Les *Semblides* forment une réunion assez hétérogène.

Les *Raphidia*, de l'ancien monde, se trouvent sur le tronc des arbres, et volent au soleil. Les grandes *Corydalis* sont américaines. Les *Sialis*, de l'hémisphère boréal, se trouvent dans le voisinage des eaux, sur les ponts, les pilotis, etc.

Les *Perlides* (Perla et Nemura) forment une famille nombreuse, dont les espèces se rencontrent en général près des eaux, et volent, tantôt le jour, tantôt vers la soirée.

La dernière division des Névroptères, celle des *Phryganides*, est cosmopolite et fort nombreuse. Les espèces vivent dans le voisinage de l'eau. Les unes voltigent sans cesse sur l'eau même ; d'autres autour des buissons et sur la cime des arbres, à la manière des Adèles ; d'autres, enfin, volent peu et courent sur les roseaux. Plusieurs sont nocturnes : un bon moyen de se procurer des Phryganides consiste à secouer les buissons qui se trouvent près des ruisseaux. Les larves, qui sont aquatiques, et qui vivent dans des sortes de tuyaux, préfèrent les eaux courantes aux eaux stagnantes. Sous ce rapport leurs mœurs sont opposées à celles des Odonates.

PRÉPARATION.

Pour la plupart des familles, la manière de piquer et d'étaler les Névroptères, ne diffère pas du mode ordinaire adopté pour les Hyménoptères, les Hémiptères et les Diptères. Il en est ainsi pour les familles des Panorpides, Némoptérides, Myrméléonides, Ascalaphides, Nymphides, Hémérobides, Mantispides, Semblides, Perlides et Phryganides. Cependant, pour les Myrméléonides, et même pour les Ascalaphides, l'abdomen, souvent long et fragile, se détache ou se fracture facilement, et il y a utilité à le consolider, au moyen d'un crin passé dans la longueur du corps, sans préparation, si c'est au moment de la capture ; ou bien trempé dans une colle quelconque, s'il s'agit d'un exemplaire desséché.

Les familles des Termitides et Éphémérides présentent des difficultés, principalement ces dernières, à cause de la mollesse et de la fragilité de leurs téguments. Il est très-utile d'en conserver des individus dans de petits tubes de verre remplis d'alcool faible, comme M. le docteur Signoret conseille de le faire pour les Pucerons, page 55, ce qui n'empêche pas de piquer d'autres exemplaires avec des épingles d'une grosseur appropriée.

Les Psocides et beaucoup de Phryganides sont de très-petite dimension. Il y a lieu de les préparer comme les Tinéides, en remplaçant l'épingle par un fragment de fil métallique très-fin et inoxydable, que l'on pique sur un fragment de moelle de sureau, lequel est fixé à une épingle assez forte. On peut aussi, au moyen de gomme, coller ces petits insectes sur des fragments de mica ou sur de petites cartes.

Dans la *Revue des Odonates ou Libellules d'Europe* (1850), j'ai décrit, page 376, les divers modes de préparation proposés par MM. Foudras (de Lyon), avant

1840 (1) ; Toussaint de Charpentier (2) et Blisson, en 1840 (3) ; Millet, en 1847 (4), et j'ai indiqué quelques modifications à ces divers procédés.

Aujourd'hui, tout en fournissant ces citations qui permettent de recourir aux sources, je crois bien faire, pour plus de clarté, de décrire le plus simplement possible les procédés que je regarde comme les meilleurs, tels que l'expérience de près de trente années m'a permis de les améliorer.

Libellules fraîches : Les divers modes proposés reposent sur l'extraction des viscères de l'abdomen et du thorax, afin d'empêcher la putréfaction, et de diminuer l'altération des couleurs. L'animal est ensuite rendu plus solide par l'introduction de ouate dans le thorax, et d'un petit support dans l'abdomen.

En rentrant de la chasse, s'il s'agit de Libellulides de forte taille, ou d'Eschnides, je fais avec des ciseaux une incision partant du milieu de la poitrine, et se prolongeant jusqu'au huitième segment de l'abdomen en dessous, ayant soin, s'il s'agit d'un mâle, d'inter-

(1) De Selys Longchamps. *Monographie des Libellulidées d'Europe*, Roret, 1840. — *La Revue*, publiée en 1850, en forme la suite et le complément. Les principaux travaux que j'ai publiés depuis sont le *Synopsis des Caloptérygines*, le *Synopsis des Gomphines*, en 1853 et 1854, et le *Synopsis des Agrionines*, en 1860-1862-1863-1865, en six livraisons ; puis avec la collaboration du docteur Hagen, la *Monographie des Caloptérygines* (1854), et la *Monographie des Gomphines* (1858).

(2) *Libellulinæ Europeæ*. Leipsic, 1840.

(3) *Annales de la Société entomologique de France*, tom. ix, page 413.

(4) *Recherches des Odonates de Maine-et-Loire* (Extrait. Mémoires de la Société d'agriculture, sciences et arts d'Angers).

rompre l'incision aux deuxième et troisième segments, afin de ne pas altérer les organes génitaux externes, dont les caractères ont une grande importance. Au moyen d'une pince, j'extrais les viscères, et je place, dans l'intérieur, du papier ayant la forme de l'abdomen, et d'une couleur appropriée s'il s'agit d'une espèce à abdomen transparent. Du jaune, du rouge, du bleu, du vert clair, et plus souvent du blanc, suffisent pour rétablir approximativement l'effet de la coloration ; car les dessins noirs subsistent naturellement, et quant aux espèces peu nombreuses où le vert et le bleu sont associés, le bleu clair suffit, les restes du pigment vert modifiant assez la couleur du papier. Pour les Eschnides et Gomphines à abdomen cylindrique, je fais un petit rouleau de papier qui, en tous cas, doit être plus long que l'abdomen, pour se fixer dans le thorax, dont on complète le bourrage au moyen d'un peu de ouate.

Pour les Libellulides de petite taille, et surtout pour les Agrionides, je regarde en général l'extraction des viscères comme inutile, à moins qu'il ne s'agisse de femelles remplies d'œufs. Je me borne donc, pour assurer la solidité de l'abdomen, à introduire par le thorax un support traversant le corps dans toute sa longueur. Je préfère un ou plusieurs crins, à un fil de fer inoxydable ou à un végétal (graminée ou feuille de pin), parce que le crin est plus flexible et ne se brise point. Le fil de fer est d'ailleurs plus lourd, et l'on n'a pas toujours sous la main un fil métallique inoxydable.

5.

Les Odonates étant empaillés ou empalés comme nous venons de le décrire, on les étale à la manière des Lépidoptères, mais avec beaucoup moins de précautions, puisque leurs ailes n'étant pas couvertes d'écailles pulvérulentes, on peut employer sans inconvénient de petits carrés de verre pour peser sur elles.

Les procédés des auteurs cités plus haut, et que j'ai résumés dans la *Revue des Odonates*, sont sous quelques rapports plus ingénieux et plus artistiques ; toutefois, je ne les recommande pas spécialement, parce que, tout en donnant les moyens d'imiter mieux la coloration naturelle, ils peuvent altérer davantage les formes, ou même produire des dessins contre nature.

Libellules desséchées. Cette partie qui n'avait pas été traitée par les auteurs que j'ai cités, est au moins aussi importante que celle qui concerne les insectes fraîchement pris, puisqu'il s'agit des exemplaires que l'on reçoit de l'étranger, de ceux que l'on n'a pu préparer au moment de la capture et enfin du rajeunissement, si je puis m'exprimer ainsi, des anciennes collections.

Je ne conseille pas aux Naturalistes voyageurs de préparer, ni d'étaler les Libellules. Qu'ils les piquent donc solidement, mais sans aucune autre préparation que de passer un crin dans la longueur du corps, s'ils en ont le loisir. Pour les voyages lointains, le meilleur système consiste à retirer l'épingle des Libellules dès que l'animal est mort et à les entasser dans des boîtes par couches superposées séparées par des lits minces de ouate. De la sorte elles occupent fort peu de place et ne sont pas dans le cas de se briser par des épingles qui se détachent, mais il faut avoir bien soin de placer dans la ouate un peu de camphre ou d'y verser de temps en temps du naphte et de coler le couvercle de la boîte pour éviter les ravages des insectes rongeurs ; — quelques voyageurs envoient aussi des Libellules dans de petits cornets plats, mais fréquemment on trouve les pieds ou l'abdomen fracturés ou bien les insectes rongeurs s'y introduisent.

Voici comment je procède pour la préparation de Libellules desséchées : Je les ramollis sous une cloche de verre, en les piquant sur une planche de liége, qui nage sur de l'eau. Dix à douze heures suffisent, selon la solidité des espèces. Le ramollissement n'offre pas d'inconvénients, excepté pour quelques espèces dont le corps est en partie couvert d'une exsudation pulvérulente. Pour celles-là, il faut des ménagements, ou bien encore séparer l'abdomen, que l'on s'abstient alors de ramollir.

Après avoir changé les épingles, s'il y a lieu, j'étale sur des planchettes en bois avec rainures en liége, au moyen de petits carrés de verre suffisamment pesants pour maintenir les ailes étendues. Aussitôt, avec un pinceau j'imbibe tout le corps et les ailes d'alcool rectifié. Cela tue les germes des insectes rongeurs, s'il y en a, solidifie l'exemplaire, et favorise la dessication. J'y trouve un avantage si grand, que je ne m'arrête pas à l'inconvénient de ternir parfois les couleurs métalliques, ou de coller quelques poils. — S'il y a de la pulvérulence, je m'abstiens de l'opération. On pourrait encore essayer dans la même condition, le naphte, qui s'évapore plus rapidement et qui tue plus sûrement les insectes destructeurs.

L'insecte étalé étant sec, si son corps n'a pas été préalablement traversé par un crin, un morceau de papier ou tout autre support, voici comment je procède pour lui donner de la solidité :

Au moyen de la pointe d'un scalpel, je sépare l'abdomen pour y introduire un ou plusieurs crins, une feuille de pin desséchée, une fine paille de graminée, ou bien un fil métallique inoxydable, trempés dans une colle composée de gomme arabique et d'un peu de farine dans laquelle je verse, de temps en temps, un peu d'alcool saturé d'arséniate de soude. Pour empêcher cette colle de se dessécher, on la place sous la cloche à ramollir, ou bien on y ajoute un peu d'eau. La colle qui n'est pas récente devient meilleure, se fendille moins, et prend une couleur brune qui convient à l'emploi qu'on en fait. Je replace l'abdomen contre le thorax au moyen de la même colle, en introduisant dans son intérieur le bout du support, que, dans ce but, j'ai laissé dépasser l'origine de l'abdomen. En général, ce dernier forme intérieurement en se séchant, un petit canal longitudinal, qui permet facilement l'introduction du support végétal ou du crin. Je n'emploie de fil métallique que lorsqu'il s'agit de femelles remplies d'œufs, qu'on ne peut transpercer qu'avec un fil métallique pointu et même, dans ce dernier cas, s'il s'agit de petits Agrions, ou de Libellules à abdomen très-court, il est plus prudent de s'abstenir de toute préparation interne, sauf à recoller plus tard l'abdomen ou les segments qui viendraient à se désarticuler.

Il ne faut pas séparer du corps l'abdomen de plusieurs individus à la fois, afin de ne pas s'exposer à des méprises fâcheuses.

Ces opérations que je viens de décrire, ramollir, étaler, et préparer, ne sont pas très-longues, car avec un peu d'habitude on peut facilement préparer tout à fait vingt à vingt-cinq Libellules par heure.

M. Hagen emploie une colle beaucoup plus solide que la nôtre : c'est de la gomme laque dissoute dans de l'alcool. Son inconvénient est de se sécher très-rapidement, ce qui rend les rectifications plus difficiles. Cette observation concerne surtout les réparations que l'on aurait à faire aux ailes. Pour celles-ci, lorsque des fragments sont détachés ou qu'elles sont fendues, j'emploie ordinairement de la gomme arabique purifiée, dissoute dans l'eau, et j'ajoute parfois un peu d'alcool. Je ne me dissimule point que la gomme se fend souvent, et tombe parfois en se desséchant (1). Aussi une main sûre et exercée préférerait en général la gomme laque ou le vernis blanc.

(1) L'on obvie à cet inconvénient en y ajoutant un cinquième de miel ou de sucre (*Hémiptères*, p. 56).

CONSERVATION.

Je m'abstiens d'employer le sublimé corrosif et ses dissolutions dans l'alcool. Ce minéral détruit les épingles, et produit sur le corps des Névroptères des efflorescences blanches, qui cachent les formes et les dessins. Je proscris également le savon arsénical, qui graisse et empâte les exemplaires ; l'arséniate de potasse, dissous dans l'alcool, graisse et attire l'humidité. Je n'ai éprouvé aucun de ces inconvénients avec l'arséniate de soude, dissous dans l'alcool jusqu'à saturation (1).

Au moyen d'un pinceau fin, j'en passe légèrement une couche sous l'abdomen, le thorax et aux lèvres des individus desséchés, et presque jamais je n'ai vu les insectes rongeurs attaquer les exemplaires préservés de cette façon. Je ne fais cette opération que lorsque toute préparation est achevée, et que les insectes sont prêts à entrer dans la collection ou dans les magasins de doubles.

Il va sans dire que si un exemplaire est attaqué on le nettoie et on l'humecte largement avec le préservatif adopté. Si l'humidité momentanée apportée au thorax par l'alcool fait perdre aux ailes la régularité de l'étalage, on en est quitte pour replacer l'insecte sur les

---

(1) L'acide arsénieux dissous dans l'alcool paraît avoir les mêmes avantages. Il sera bon également d'essayer l'application de l'acide phénique que l'on préconise depuis quelque temps.

planches à étaler jusqu'à ce qu'il soit séché, ce qui a lieu en peu d'heures.

Quant aux boîtes d'exemplaires non étalés, je me borne à les surveiller, à y placer du camphre, et à y verser de temps à autre du naphte ou de la benzine sur des morceaux de ouate. Ce sera sans doute encore le cas d'essayer l'emploi de l'acide phénique.

Liége, 29 septembre 1859 (1).

Edm. DE SELYS LONGCHAMPS.
Membre de la Société entomologique de France
et de l'Académie royale des Siences de Belgique.

HYMÉNOPTÈRES

Les Hyménoptères constituent un des ordres les plus intéressants de toute la classe des insectes. La grande variété de leurs formes, leurs mœurs extrêmement curieuses, leurs instincts plus développés que dans aucun autre ordre, et les importantes considérations de zoologie générale et pratique dont ils peuvent devenir le sujet, donnent à leur étude un intérêt et un

(1) Les modifications faites à ce petit travail, en vue de l'améliorer dans sa nouvelle édition, datent de septembre 1867.

charme tout particulier, qui vont en croissant à mesure qu'on s'en occupe.

Si, jusqu'ici, cet ordre a été presque délaissé par les amateurs, s'il n'a même été cultivé que par un petit nombre d'entomologistes, cela tient à plusieurs raisons. C'est d'abord la crainte d'accidents. Les femelles d'une des grandes divisions des Hyménoptères, celle des *Porte-Aiguillon*, sont armées d'un aiguillon dont la piqûre est douloureuse. Elle est cependant facile à éviter, et nous aurons soin d'indiquer les précautions à l'aide desquelles elle devient très-rare. La douleur se dissipe d'ailleurs promptement, selon ses degrés, par la pression et la succion de l'endroit piqué, une friction un peu rude, des fomentations d'eau froide, l'application de quelques gouttes d'ammoniaque étendue d'eau ou, bien mieux, d'acide phénique pur, sans mélange d'alcool ou d'eau, moyens qui préviennent toute suite fâcheuse.

On devra toujours emporter à la chasse un petit flacon d'acide phénique, muni d'un bouchon en verre allongé en pointe, à l'aide duquel on porte facilement ce liquide sur les points les plus circonscrits. Ce flacon, pour l'empêcher de se casser, doit être renfermé dans une capsule en bois.

Une seconde raison est l'extérieur des Hyménoptères, en général moins attrayant que celui des Lépidoptères et des Coléoptères; mais cette raison n'est qu'apparente. Dès qu'on est un peu familiarisé avec cet ordre, on y découvre des espèces, des genres, et même des familles entières, par exemple, celle des *Chrysidides*

(Guêpes dorées), qui, par la beauté et l'éclat de leurs couleurs, peuvent rivaliser avec les familles les plus brillantes des Coléoptères.

Une troisième raison enfin peut expliquer l'oubli immérité dans lequel cet ordre est resté jusqu'ici : c'est le manque d'un bon ouvrage, ni trop volumineux, ni trop superficiel, rendant possible et facilitant l'étude des familles et des genres, et donnant les diagnoses des espèces, tout au moins celles des espèces indigènes. Cet ouvrage est encore à faire ; car celui de Lepeletier de Saint-Fargeau, œuvre d'un hyménoptérologiste distingué, mais courbé sous le poids des années, des infirmités et des chagrins, est incomplet et défectueux sous tous les rapports, à l'exception de la quatrième partie, rédigée par M. Brullé, et formant un excellent *genera* des familles non décrites par Lepeletier. Ceux qui voudront se familiariser avec l'étude de cet ordre feront bien de s'en tenir, pour le commencement, au *Règne animal* de Latreille, tome V, au *Manuel* de Boitard, tome III (extrait élémentaire du précédent ouvrage et de celui du même auteur sur les Crustacés et les Insectes), ou, s'ils peuvent se la procurer, à la partie des Hyménoptères de l'excellente *Introduction à la classification moderne des Insectes* (en anglais) de M. Westwood, dont il existe une traduction française.

La nature de ce petit travail ne nous permet pas d'entrer dans des détails sur les Hyménoptères, leur classification, leurs familles, etc. Disons seulement, pour ceux qui sont encore complétement étrangers à cet ordre, qu'on appelle ainsi les insectes semblables aux Abeilles, aux Bourdons, aux Guêpes et aux Fourmis, et dont les principaux caractères sont les suivants :

Quatre *ailes* membraneuses, ayant des veines peu nombreuses, mais très-régulièrement disposées, de manière à constituer des cellules très-aptes à concourir à la formation d'importants caractères génériques.

Organes de la bouche, composés généralement de mandibules cornées, d'une lèvre supérieure ou labre, de mâchoires avec leurs palpes maxillaires, et d'une lèvre inférieure ou lèvre, avec ses palpes labiaux, organes formant, par leur ensemble, une espèce de fausse trompe, rétractée dans l'état du repos, mais capable de s'allonger.

Extrémité postérieure de l'abdomen munie, dans l'une des grandes divisions (*Terebrantia, Porte-Tarière*), d'une *tarière* ou oviscapte, servant uniquement à déposer les œufs sur ou dans les matières organiques au milieu desquelles ils doivent éclore, et, dans l'autre grande division (*Aculeata, Porte-Aiguillon*), même extrémité postérieure de l'abdomen munie d'un *aiguillon* servant en même temps d'oviscapte et d'arme offensive et défensive.

Deux *sexes*, des mâles (♂) et des femelles (♀), et, dans certaines familles sociales et nidifiantes, comme les genres *Abeille* (*Apis*) et *Bourdon* (*Bombus*), les familles des *Guêpes* (*Vespidæ*) et des Fourmis (*Formicidæ*), un troisième sexe, des neutres ou ouvrières (☿, ☿ ou ☿), ou, en réalité, une simple modification des femelles, consistant dans l'atrophie des ovaires, ce qui les prive de la faculté d'être fécondées, sans leur ôter l'instinct de la nidification et des soins à donner à la progéniture des femelles fécondes.

Six *pattes*, dont la dernière paire reçoit d'importantes modifications dans les femelles et les ouvrières de certains genres sociaux nidifiants (*Abeille* et *Bourdon*) et dans d'autres genres.

Métamorphose complète ; larves vermiformes et apodes (sans pieds), à l'exception d'une grande famille, celles des *Tenthrédonides* (*Mouches à scie*), dont les larves sont munies de pieds et ressemblent beaucoup aux Chenilles des Lépidoptères ; aussi ont-elles reçu le nom de *Fausses-Chenilles*.

CHASSE DES HYMÉNOPTÈRES.

Elle se fait autrement que celle des Coléoptères ; elle a plus de rapports avec celle des Lépidoptères, dont cependant elle diffère encore considérablement. Beaucoup d'Hyménoptères nichent dans la terre ou le sable (ce que les Lépidoptères, à l'état parfait, ne font jamais), ou vivent sur le sable, où l'on ne trouve pas de Lépidoptères et seulement un certain nombre d'autres insectes. En outre, on les rencontre sur les fleurs, et presque toujours au soleil. C'est donc principalement au soleil qu'il faut les chasser, soit sur les terrains couverts de fleurs, soit du côté du midi, sur des talus en pente formés de terre un peu aride ou sur de vieux murs. Lorsque, dans ces sortes de terrain et dans ces murs, on voit de nombreux trous assez profonds et ayant de 4 à 10 millimètres de diamètre, on est sûr d'avoir rencontré le gîte d'une multitude d'Hyménoptères et souvent leurs colonies avec leurs métropoles. On n'en trouve pas, quand les murs sont peu anciens, unis, sans fentes ni trous ; exceptionnellement il y a quelques Chrysis et quelques autres Hyménoptères, au soleil, sur les murs blancs et unis Les terrains trop fermes, trop calcaires, trop pierreux ou trop meubles sont également stériles pour la chasse aux Hyménoptères, si ce n'est qu'on rencontre des Mutilles et certains Fouisseurs sur le sable même meuble, lorsque les autres conditions existent, c'est-à-dire, au soleil et dans le voisinage de fleurs ou de colonies de ces insectes.

L'instrument le meilleur pour la chasse des Hyménoptères, celui qui doit être employé le plus ordinairement, est le filet. Il est semblable à celui pour les Lépidoptères (voy. p. 106); mais le sac, en gaze ou en crêpe, doit être un peu plus court. Outre ce filet en gaze, il en faut un autre en toile (voy. *Coléoptères*, p. 14) et une pince à raquette (voy. p. 107).

C'est sur les fleurs, au soleil, qu'on trouve le plus grand nombre d'Hyménoptères. On fait les chasses les plus abondantes, au printemps sur les chatons des saules, en été et en automne sur les Labiées, les Carduacées, les Ombellifères, pour ne citer que les familles les plus habituellement fréquentées par ces insectes. D'autres fleurs sont spéciales à des groupes ou des genres divers. Les espèces indigènes du genre *Reseda*, le Réséda sauvage (*Reseda lutea*) et la gaude (*Reseda luteola*), sont le séjour habituel d'une infinité d'Hyménoptères. Un genre de la famille des *Siricides*, les *Cephus* (mouches à scie du blé), attaque les graminées et mêmes les céréales. Sur les fleurs, l'herbe et les feuilles des plantes non épineuses, on chasse avec le filet en gaze, absolument comme pour les Lépidoptères, mais avec quelques précautions qu'il convient d'indiquer.

Il ne serait pas sans inconvénient, en capturant les Hyménoptères, de ne pas tenir compte de leur nombre et de leur position dans le filet. Sur les Ombellifères, par exemple, ils sont souvent tellement nombreux que, malgré soi, on en remplit le filet, et qu'en voulant le vider sans précaution, on se fait piquer d'autant plus fort qu'on est moins sur ses gardes. Il faut donc soigneusement examiner le filet après chaque coup, l'assujettir et le fermer de manière qu'aucun insecte ne puisse s'échapper, enfin, expulser les insectes inutiles, surtout les Hyménoptères communs, tels que les Abeilles des ruches, les Guêpes des espèces communes, etc., qui ne servent qu'à gêner et à exposer à des piqûres. Quant aux insectes qu'on veut garder, il faut les réunir dans un coin du filet. La meilleure manière de faire, c'est d'appuyer le bout du manche par terre, le cercle de fer contre un mur, contre la boîte de chasse ou contre la poitrine, et d'élever d'une main, aussi haut qu'on le peut, le fond du filet, en serrant et fermant de l'autre la base de celui-ci tout autour. Les insectes alors remontent dans le fond. En les suivant avec l'autre main depuis la base jusqu'au fond et en resserrant toujours le filet au-dessous d'eux, on finit par les emprisonner dans le coin supérieur qu'on tend alors, avec les deux mains en sens inverse, contre un mur, contre la terre ou la boîte de chasse. Selon qu'on veut piquer les insectes sur place ou les tuer dans de la vapeur d'éther ou dans celle de chloroforme, pour les piquer à l'aise à la maison, il faut procéder d'une manière différente ; voici comment :

Tous les insectes poilus, et tous ceux d'un volume trop considérable pour être introduits dans un flacon à goulot étroit, doivent être piqués sur place. Après avoir tendu le filet avec les deux mains en sens opposé, comme nous venons de le dire, on augmente cette tension, de manière à rendre immobile l'insecte qu'on veut piquer, et on lui transperce le milieu du corselet de part en part avec l'épingle, de façon que celle-ci, du côté de sa tête, ne le dépasse plus que d'un tiers ou d'un quart de sa longueur. Si l'on a placé le filet par terre, ce qui en général est plus commode et plus sûr, il est bon de faire entrer la pointe de l'épingle dans le sol, pour rendre l'insecte immobile et l'empêcher de se dégager. Toutes ces précautions minutieuses ne doivent pas être négligées, si l'on ne veut pas souvent voir un gros Hyménoptère, tel qu'un Bourdon ou un Frelon, s'envoler déjà piqué, en emportant l'épingle et en ne laissant pour souvenir qu'une piqûre douloureuse. Après que tous les insectes volumineux ou poilus sont piqués, on les retire avec précaution, en faisant traverser à la tête de l'épingle le tissu du filet. Quand il n'y a plus dans celui-ci que les insectes piqués, on les dégage facilement en le retournant. Lorsqu'il y en a d'autres, il faut d'abord, de la manière que nous avons indiquée, les faire remonter dans l'extrémité supérieure du filet, la replier et la fermer soigneusement avec des épingles, afin d'empêcher les insectes de redescendre, puis retourner la partie inférieure pour la vider. Pour éviter ces embarras et les piqûres auxquelles on est toujours exposé, quand le filet contient à la fois beaucoup d'Hyménoptères, insectes vifs, agiles et qui changent continuellement de place sans qu'on y puisse toujours faire attention, il vaut beaucoup mieux le vider après chaque coup, et ne prendre à la fois qu'un seul insecte ou un petit nombre.

Les Hyménoptères glabres, c'est-à-dire entièrement sans poils, tels que les *Vespides* (la famille qui contient les Guêpes), les *Fouisseurs* (Hyménoptères creusant la terre pour faire leur nid, commes les Pompiles, les Crabrons, etc.), les *Formicides* (toutes les fourmis), peuvent être recueillis dans un flacon bouché à l'émeri, comme les Coléoptères (p. 21); mais ce flacon doit avoir un goulot assez étroit, sans quoi la plupart des Hyménoptères en ressortiraient et s'envoleraient. On remplit ce flacon d'étroites bandes de papier fin, et l'on y verse, pour la capacité d'à peine un demi-verre d'eau, dix à douze gouttes d'éther ou de chloroforme, dont la vapeur rend les insectes insensibles, et les tue si le flacon n'a pas été ouvert au bout d'une heure. Comme chaque fois qu'on ôte le bouchon il s'échappe une certaine quantité de vapeur d'éther ou de chloroforme, il faut emporter à la chasse plusieurs flacons semblables, et une petite quantité d'éther ou de chloroforme de réserve, pour en verser de nouveau dans le flacon de chasse lorsqu'il n'en contient plus assez, chose qu'on reconnaît facilement à ce que les insectes restent trop longtemps sans devenir immobiles, tandis qu'ils le deviennent promptement et presque instantanément tant qu'il y a la quantité voulue de vapeur d'éther ou de chloroforme.

Pour faire entrer les insectes dans le flacon, on le débouche, et on l'introduit dans le filet jusqu'à l'extrémité supérieure de celui-ci qu'on soulève un peu. On dirige les insectes sur l'embouchure, au-dessus de laquelle on tend et on ferme le filet à l'aide de la main libre, le manche étant appuyé par terre. On donne par-dessus le filet quelques légers coups de doigts sur l'embouchure, afin de faire descendre l'insecte dans le flacon, où il devient promptement insensible, si on a la précaution de boucher immédiatement l'ouverture.

Quand un des insectes ne descend pas assez vite au fond du flacon, on n'a qu'à retourner celui-ci, après l'avoir bouché; l'insecte alors remonte vers le fond.

En remettant de temps à autre quelques gouttes d'éther dans le flacon, et en le fermant exactement chaque fois, les insectes qu'il contient meurent promptement; si non, on ajoute de nouveau quelques gouttes d'éther à la fin de la chasse, et on tient le flacon bien bouché pendant une demi-heure ou une heure. Au bout de ce temps tous les insectes sont morts. Quant à ceux piqués sur les épingles, on peut les tuer, s'ils ne meurent pas promptement, soit en chauffant fortement la tête de l'épingle, après avoir fait passer celle-ci à travers le trou d'un carton ou d'une planchette, afin que la chaleur n'agisse pas sur l'insecte lui-même, soit en portant avec la pointe d'une épingle une quantité minime de nicotine sur la bouche de l'insecte.

La chasse la plus habituelle et la plus fructueuse des Hyménoptères se fait donc au soleil et sur les fleurs, où la manière de les prendre est la même que pour les Lépidoptères. Mais leur chasse sur les fleurs n'est pas la plus instructive, parce qu'on y trouve plus rarement les différents sexes d'une même espèce réunis, et parce que dans certaines familles, l'un des sexes étant aptère, c'est-à-dire privé d'ailes (les neutres ou ouvrières chez les Formicides, les femelles chez les Mutillides et chez les Pezomachus, groupe des *Ichneumonides*), ce sexe ne se rencontre qu'exceptionnellement sur les fleurs. Pour trouver ensemble les différents sexes des mêmes espèces, il faut chercher les *nids* des Hyménoptères. On les trouve, comme nous l'avons déjà dit, sur le sable, la terre ferme et un peu aride, les vieux murs, sous la mousse et les pierres, etc., au grand soleil et du côté du midi. Cette chasse ne se fait plus en fauchant, mais en posant le filet par terre ou contre le mur rapidement et à plat, au moment où les insectes sont sur le point d'entrer dans leur nid, ou en les prenant au vol près de celui-ci. Elle n'est pas facile, à cause de la difficulté qu'on a d'appliquer le filet assez rapidement et assez à plat sans casser l'anneau, et à cause de l'extrême agilité avec laquelle les insectes de certaines familles, comme par exemple les *Pompilides*, les *Larrides*, s'échappent latéralement sous les bords du filet, ou pénètrent dans la terre ou dans le mur, dès qu'ils se trouvent à l'entrée de leur nid. Cette chasse toute spéciale s'apprend mieux par l'expérience et par l'exercice; comme elle use beaucoup les filets, il est toujours utile, surtout lorsqu'on fait une excursion un peu lointaine, d'emporter un filet de rechange, ou du moins du fil de fer pour raccommoder l'anneau s'il se casse, et une aiguille avec de la soie pour fermer les trous du filet. Disons une fois pour toutes, qu'avant le premier coup de filet il faut soigneusement examiner, s'il n'y a pas dans le voisinage, cachées sous des herbes et des branches inoffensives, quelques ronces, ennemies acharnées et véritable fléau des filets et de la chasse. Pour chasser sur les ronces mêmes, il faut se servir soit de la pince à raquette (page 107), soit du filet à sac de toile (*Coléopt.*, p. 14).

La chasse près des nids n'offre aucun danger quand il s'agit des Hyménoptères solitaires, dont chaque individu a son nid isolé et ne s'occupe pas de son voisin. Lors même qu'on en trouve de grandes colonies, on n'a à se préoccuper que des individus auxquels on donne directement la chasse ; car entre ces insectes il n'existe pas la communauté d'intérêts et d'instincts guerriers qui rendent si redoutables les habitants d'un nid d'Hyménoptères sociaux. On rencontre quelquefois des colonies très-nombreuses d'Hyménoptères nidifiants solitaires, tels que d'Andrènes, de Sphécodes, d'Anthophores, de Cerceris, de Philanthes, et on peut les prendre en masse sans la moindre crainte. Il en est autrement des Hyménoptères sociaux, tels que les Bourdons (*Bombus*) et les Guêpes (les différentes espèces du genre *Vespa*, et surtout le géant des espèces indigènes, le Frelon, *Vespa Crabro*), dont la taille, l'aiguillon et les habitudes guerrières et vindicatives rendent la chasse près des nids dangereuse, si l'on ne prend certaines précautions que je vais indiquer. Il faut se placer à quelque distance du nid, et ne chasser que les individus isolés ou les petits groupes de deux à quatre individus, sans donner aucun coup de filet vers les troupes plus considérables qui quelquefois s'accumulent près du nid ou à son orifice, et qui souvent se jettent sur le chasseur, avec l'intention non douteuse de punir son attentat contre la colonie. Si l'on veut simplement observer leurs mœurs, il faut se tenir entièrement immobile ; les insectes alors, pourvu qu'on ne soit pas directement devant l'orifice du nid, de manière à en barrer le chemin, ne font pas attention à l'observateur. Veut-on prendre le nid tout entier, ce qui se fait le mieux, lorsque la plupart de ses habitants sont rentrés, pendant la nuit et à l'aide d'une lanterne ; on observe d'abord, pendant le jour, la direction que les insectes prennent après être entrés dans l'orifice ; car entre celui-ci et l'entrée véritable du nid (quand il s'agit des nids souterrains, les plus fréquents), il y a toujours une espèce de conduit ou de chemin, quelquefois multiple. C'est la direction de ce conduit qu'il faut avant tout bien étudier. Pour s'emparer du nid, on saisit d'abord, à l'aide d'une longue pince, une large pelote de ouate ou d'étoupe, fortement imbibée d'éther ou de chloroforme, et on l'introduit tout le long du conduit, jusqu'à ce qu'on soit arrêté par une résistance. On retire rapidement la pince, et on pousse de la même manière une seconde pelote imbibée d'éther ou de chloroforme, puis on bourre tout le conduit de ouate, d'étoupe ou de chiffons. Au bout d'une demi-heure environ, après avoir pris successivement avec le filet tous les insectes isolés qui sont venus pour rentrer pendant et après l'opération, et dont le nombre est très-grand pendant la journée, on commence à travailler à l'aide de la pioche et de la pelle (ou simplement à l'aide d'un fort couteau, lorsqu'il s'agit d'un nid petit et situé peu profondément), toujours avec beaucoup de précaution, de manière à ne pas endommager le nid, ni ouvrir une issue à ceux de ses habitants qui ne seraient pas complètement engourdis. Lorsque le nid est dégagé, on trouve d'ordinaire, dans la cavité qu'il occupait, un très grand nombre de ses habitants engourdis. On les enlève à l'aide de la pince, et on a toujours tout prêt un filet, pour le cas où un certain nombre des insectes n'aurait pas été atteint par la vapeur d'éther. On emporte le nid dans une grande boîte, dont deux des parois au moins sont formées de toile métallique. Un garde-manger peut très-bien servir à cet usage. A la campagne, il est plus facile de les élever et d'obtenir leurs parasites (les *Mutilles* pour les *Bourdons*, le *Metoecus paradoxus* pour la *Vespa Germanica*, etc.). On n'a qu'à laisser le nid fermé d'abord et à pourvoir aux besoins de ses habitants. Au bout de quelques jours on le laisse ouvert. Les insectes, alors, prennent eux-mêmes soin de leur subsistance et rentrent régulièrement dans le nid. Vers l'époque de l'éclosion des parasites, il faut fermer le nid jusqu'à ce qu'on les ait recueillis. En ville, on laisse le nid constamment fermé, en renouvelant journellement la nourriture de ses habitants, et en n'oubliant pas de leur donner de l'eau, sans laquelle ils meurent promptement.

La chasse au filet en gaze est difficile sur les ronces, sur les chardons, sur tous les végétaux épineux, et même sur ceux qui ont simplement des branches trop fortes et trop nombreuses. Là on se sert de la pince à raquettes et du filet en toile.

La pince à raquette est la même que pour les Lépidoptères (pag. 107). Son usage exige une certaine habitude, surtout quand il s'agit de chasser sur les chardons, dont il faut éviter de saisir les fleurs ou capitules, parce qu'elles empêchent les branches de l'instrument de se rapprocher, et qu'elles permettent à l'insecte pris de s'échapper. Il faut aussi que les raquettes soient couvertes, non de gaze ou de tulle comme pour les Lépidoptères, mais d'une toile métallique assez forte pour immobiliser les gros Hyménoptères si vifs et si vigoureux, et percées de mailles ou de trous assez larges pour que la tête des plus grosses épingles puisse pénétrer facilement au travers, sans quoi on aurait la plus grande difficulté à fixer les insectes, et l'on s'exposerait à en perdre la plupart et à être fréquemment piqué.

Les Tenthrédonides, les Siricides, les Ichneumonides, les Cynipides se trouvent en grand nombre sur les fougères, les feuilles des arbres et des arbustes, et même sur leurs branches et leurs troncs. Les Tenthrédonides s'y trouvent même, au printemps, avant que les feuilles aient poussé. Il faut les y faucher avec le filet en toile (p. 92) ; le filet en gaze s'userait et se déchirerait trop vite. Toutes les fois que le filet en toile est rempli, on en tourne le fond en bas, et on l'ouvre, après avoir couvert son anneau avec l'ouverture d'un filet en gaze dont on tient le sac tendu de bas en haut. De cette manière les Hyménoptères remontent et se réunissent dans l'extrémité supérieure du sac en gaze, où on les isole pour les prendre de la manière indiquée ci-dessus (p. 93, 94). Pendant qu'on vide le filet en gaze, on referme soigneusement le filet en toile, pour l'examiner de nouveau plus tard et y prendre les insectes qui y seraient restés. Outre les Hyménoptères, on capture ainsi beaucoup de Coléoptères, d'Hémiptères, de Névroptères, etc.

Un très-grand nombre d'Hyménoptères peuvent aussi être pris sur des nappes et des serviettes tendues sous les arbres et les buissons qu'on bat (*Coléopt.*, p. 16 à 17), ou à l'aide d'un parapluie ou du Thérentome de M. de Graslin. Il faut seulement qu'une ou deux personnes s'occupent exclusivement de ramasser les Hyménoptères, ou de les saisir à l'aide du filet en gaze et de la pince à raquette, tandis que les autres recueillent les autres ordres. Lorsqu'on a terminé la chasse au soleil, on trouve encore à l'ombre, par les journées chaudes, de nombreux Hyménoptères, en fauchant sur toute espèce d'arbres, d'arbustes, de fleurs et d'herbe, ou en battant les premiers.

On se procure quantité d'autres Hyménoptères, en fouillant les mousses, les herbes courtes, les feuilles sèches, en retournant les pierres, en cherchant sur les terrains sablonneux et arides, surtout au soleil. On réunit ainsi beaucoup de Mutillaires, de Formicides, de Proctotrupides etc.

Tout le monde sait que, pour observer et chasser les Fourmis et toute la famille des Formicides, il faut aller à la recherche des fourmilières, comme pour les Coléoptères qui y vivent (voy. *Coléoptères*, p. 31). Ajoutons encore que les Fourmis aptères, qui forment la masse des fourmillières, sont des neutres ou ouvrières, et que les mâles et les femelles, ailés, ne volent que vers l'époque de l'accouplement ; qu'il faut donc tâcher de connaître cette époque (qui tombe le plus ordinairement au milieu de l'été) et de trouver ces deux sexes, en examinant souvent les fourmilières qu'on a découvertes.

Une chasse qu'il faut encore signaler, c'est celle sur les arbres coupés, surtout sur les bûches de chêne régulièrement entassées, dans les bois et les campages, ou même dans les chantiers. Sur ces monceaux de bois, le mode de chasse est le même que sur les murs.

On y trouve de grands nombres d'Osmites, de Chrysidides, d'Odynères, de Pemphrédonides, de Braconides, d'Ichneumonides , surtout du groupe des *Xorides* (genres *Xorides* et *Xylonomus*), ainsi que de nombreux Coléoptères, dont ces Braconides et ces Ichneumonides sont les parasites. Il est à remarquer que, sur les bûches de bouleau, je n'ai jamais rencontré aucun Hyménoptère, pas même un Ichneumon, probablement parce que le nombre des Coléoptères qui nichent dans les troncs de bouleau est minime, tandis que dans ceux de chêne il est très-grand.

Il y a encore beaucoup d'autres manières de se procurer des Hyménoptères. On élève et on fait éclore les chenilles et les cocons des Tenthrédonides, absolument comme on le fait pour les Lépidoptères ; les galles de certaines plantes, telles que le chêne et les rosiers pour les *Cynipides*, l'ajonc pour les *Chalcidites;* les parasites des Lépidoptères (*Ichneumonides*) qu'on obtient d'éclosion en élevant des chenilles. En conservant des morceaux et des détritus de vieux bois, on peut se procurer un nombre considérable d'Hyménoptères qui y nichent (*Osmites*, *Siricides*, *Sapyga*, etc.). En collectionnant au printemps ou en automne des tiges de ronce, on aura au commencement de l'été ou au printemps suivant des éclosions de plusieurs espèces de *Ceratina*, d'*Osmia* et d'autres genres. En fouillant au printemps et en automne dans les feuilles mortes et les mousses, on trouve des Ichneumonides qui s'y sont cachés. Après les inondations, le sable des rivages fournit aussi quelques Hyménoptères ; mais, endom-

magés par l'humidité, ils sont rarement en assez bon
état pour pouvoir être incorporés dans une collection.

Il y aurait encore d'autres détails à donner sur la
chasse et l'étude des Hyménoptères , mais l'espace
nous manque pour le faire, et ce que nous en avons
dit peut suffire comme introduction pratique. Ajoutons seulement que les Hyménoptères trop peu volumineux pour pouvoir être piqués, doivent être collés à
la pointe de petits morceaux de papier ferme ou de
carte, ou, mieux, sur des paillettes de mica (v. *Coléopt.*,
p. 41 à 43). Il faut mettre le moins de colle possible, afin
de ne cacher sous cet enduit aucun détail important
pour la description de l'espèce. En général, il ne faut
coller que les insectes qu'il est impossible de piquer.
Des Hyménoptères d'un volume en apparence minime
se laissent encore piquer avec du fil d'argent mince sur
de petits carrés de moëlle de sureau, qu'on fixe eux-
mêmes dans les boîtes à l'aide d'épingles.

Pour recueillir ces espèces minimes (*Micryménoptè-
res* ou *Microhyménoptères*), il est bon d'emporter des
tubes en verre un peu épais, longs de 4 cent. (v. *Coléopt.*, p. 20), remplis de très-étroites bandes de
papier, et dans chacun desquels on met une à deux
gouttes d'éther ou de chloroforme.

J. SICHEL ,

Docteur en Médecine, Chirurgie et Philosophie.
Ex-Président de la Société entomologique de France.

LÉPIDOPTÈRES

USTENSILES.

Le premier et le plus important est le *filet à papillon*, il doit être à la fois léger pour être manié vivement et avec succès, assez solide pour résister aux mouvements brusques ; il est composé d'un cercle en fil de fer, d'environ 30 centimètres de diamètre, qui se plie en deux au moyen de brisures, il y en a même qui se plient en quatre et peuvent ainsi être emportés dans la poche ; autour de ce cercle est un ruban de soie auquel est cousu le sac, qui pour ne pas être déchiré par la première épine devra être en crêpe lisse de soie, la couleur verte est préférable, parce qu'elle est moins remarquée par les papillons ; le manche en bambou a une douille en cuivre sur laquelle se visse le filet.

Filet Fauchoir.

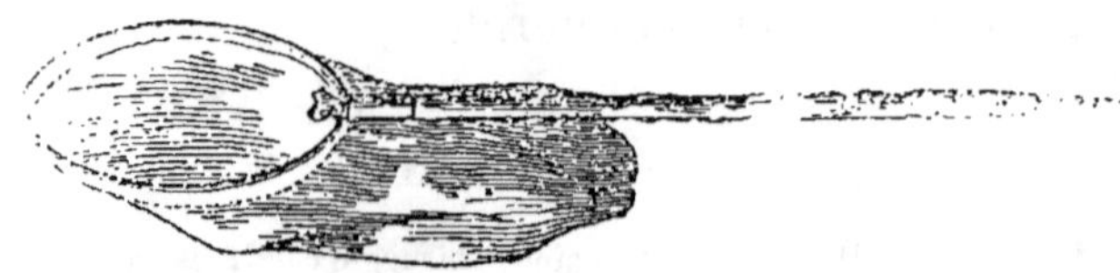

Le *fauchoir*, sert surtout à récolter les chenilles vivant sur les plantes basses ; c'est un filet de même forme que le précédent, mais il est plus fort; le manche est en cornouiller, le sac est en canevas de lin ou de chanvre, retenu au cercle en fer par une coulisse en fort ruban de toile; on le promène rapidement sur les plantes, les arbustes, afin de faire tomber dans la poche les chenilles qui s'y trouvent; il faut avoir soin d'examiner souvent le fond du sac, pour éviter de meurtrir et tuer les captures que l'on a faites et qui devront être de suite internées dans la boîte à chenille que nous décrirons plus loin.

La *pince à raquette*, fig. 2, ressemble à une grande

Fig. 2.

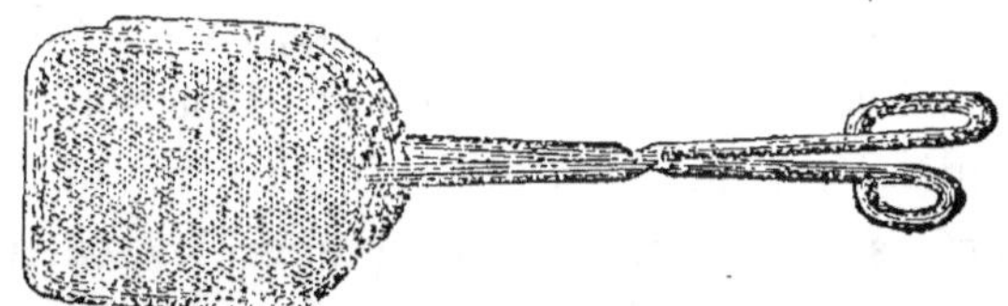

paire de ciseaux dont les lames sont remplacées par des raquettes en fer méplat d'environ 14 cent. sur 10, garnies de tulle souple, bordées de ruban de soie. Elle est destinée à prendre les papillons au repos, sur les troncs d'arbres ou les feuilles; elle est indispensable pour les petites espèces qui vivent dans les endroits très-fourrés, ou le maniement du filet est impossible.

L'*Écorçoir*, fig. 3, est un instrument en fer forgé,

Fig. 4.

solidement emmanché, dont l'extrémité s'élargit en cuillère ayant les côtés tranchants; il n'est pas seulement utile pour soulever les écorces et mettre à jour les chenilles et les chrysalides qui y vivent ou qui y cherchent un refuge, mais aussi pour fouiller dans la terre, au pied des arbres, entre les racines, le long des murs, etc.

Le *maillet*, fig. 5. est un manche en bois autour

Fig. 5.

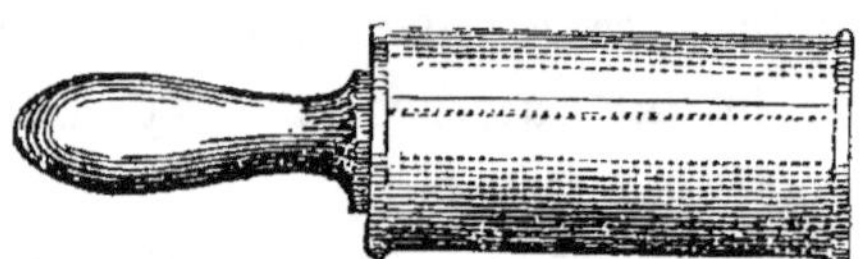

duquel est adapté un kilo de plomb, recouvert d'une garniture de liége et le tout enveloppé d'un cuir solide et parfaitement cousu, laissant dépasser environ 15 centimètres pour la poignée; ce maillet sert à frapper les arbres pour faire tomber les chenilles et les papillons nocturnes qui y restent immobiles pendant le jour. Le liége et le cuir n'ont d'autre but que d'amortir le coup, et éviter de faire des plaies aux arbres, en soulevant l'écorce; malgré ces précautions il ne faudra user du maillet qu'avec réserve et éviter de frapper les arbres dont l'écorce et le bois seraient trop tendres ou résineux, comme les pins, les sapins et autres conifères.

La *pince à piquer*, fig. 6, est en acier trempé, à

Fig. 6.

l'intérieur de la partie courbe, sont de fortes tailles pour empêcher les épingles fines de glisser lorsqu'on les fixe dans le liége, extérieurement il y a aussi des tailles afin de donner plus de prises aux doigts en développant moins de force.

La *pince fine*, fig. 7, est indispensable pour saisir

Fig. 7.

les objets que l'on craindrait de gâter en les touchant avec les doigts, le ressort doit en être très-souple.

Les *épingles*, fig. 8, sont en laiton étamé, les

Fig. 8.

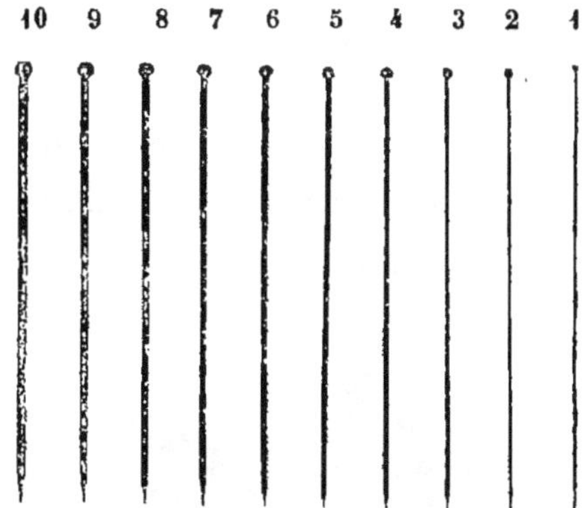

numéros 4, 5, 6, 7, sont les plus utiles pour les Lépidoptères, pour les Microlépidoptères l'on se sert des numéros 1 et 2 ; les meilleures en qualité sont celles que l'on fabrique en Allemagne, nos manufactures françaises ne peuvent atteindre le degré de perfection des premières, celles de 36 millimètres de longueur sont plus généralement adoptées que celles de 42 millimètres qui ploient trop facilement.

7

La *boîte de chasse*, fig. 9, doit être en fer-blanc

Fig. 9.

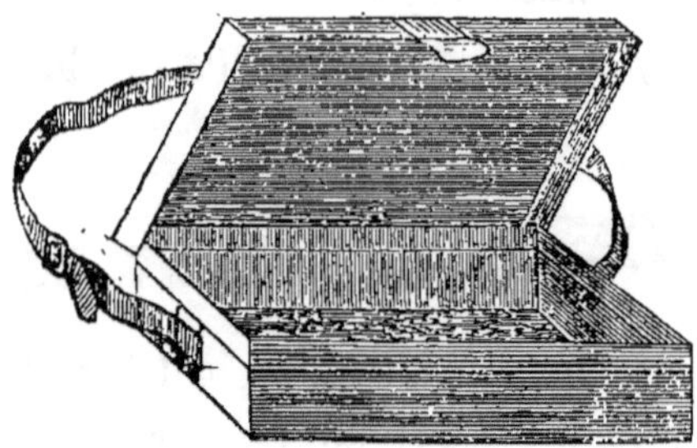

pour mieux résister à la pluie et au soleil, le fond est garni d'une feuille de liége épais ; il est indispensable qu'elle soit munie de deux tenons, pour y passer une courroie afin de pouvoir la porter en bandoulière, et avoir les deux mains libres ; on pique dans cette boîte les captures que l'on fait pendant la chasse.

La *boîte à chenille*, fig. 10, de forme ovale, est pré-

Fig. 10.

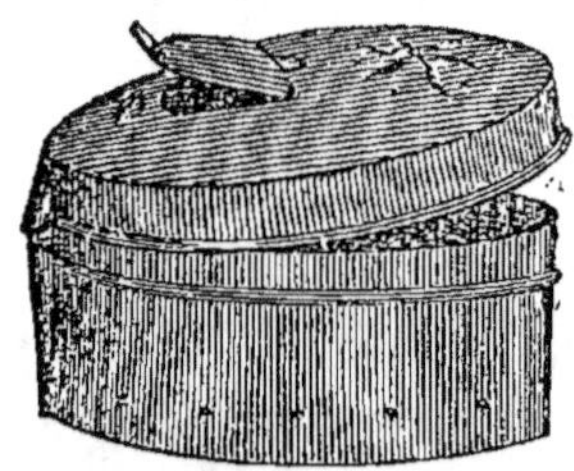

iérable, se plaçant plus facilement dans la poche, elle a 14 cent. sur 8 cent. et 7 de hauteur ; sur le couvercle est pratiquée une ouverture bordée intérieurement, pour y introduire les chenilles sans qu'elles puissent sortir.

Le *parapluie* dont la figure 11 ci-contre indique suffi-

Fig. 11.

samment l'usage est en coton blanc, les baleines sont recouvertes afin que les petites chenilles ne puissent se glisser dessous et qu'il offre intérieurement le moins de recoins possible, où les insectes pourraient se cacher.

La *Pelote*, fig. 12, est composée de deux morceaux

Fig. 12.

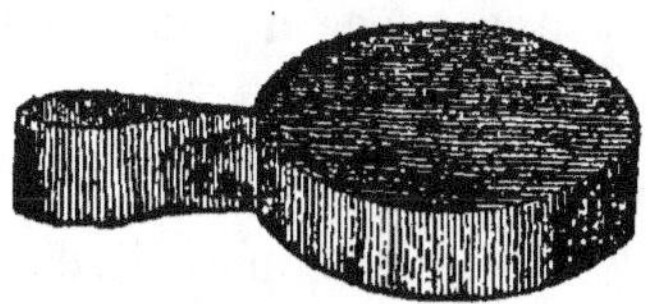

de cartons ronds, recouverts de soie verte et reliés par un ruban : c'est sur ce ruban que se piquent les épingles. Lorsqu'on chasse, on la pend à la boutonnière afin d'avoir toujours sous la main les épingles dont on peut avoir besoin.

Fig. 13.

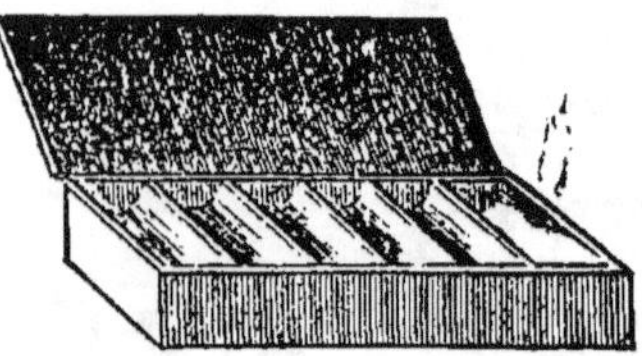

La *boîte à épingle*, fig. 13, sert surtout à emporter une certaine quantité d'épingles, lorsqu'on part pour une expédition de plusieurs jours. Elle est très-commode, parce qu'on a de suite tous les numéros d'épingles, sans être obligé d'ouvrir plusieurs paquets.

La *bouteille de cyanure*, est un flacon à large goulot, au fond duquel est un tampon de coton, avec un morceau de cyanure de potassium au milieu ; le tout recouvert d'un papier fort, collé aux parois de la bouteille et percé de trous pour permettre l'évaporation ; lorsqu'on prend un lépidoptère trop petit et trop fragile pour être tué par les moyens ordinaires, il suffit de le mettre dans cette bouteille pendant quelques minutes pour qu'il soit complètement asphyxié sans être frotté ni déchiré.

La *nappe* est une pièce de toile sur laquelle on secoue les fagots, on tamise les feuilles sèches, afin de trouver les insectes qui s'y cachent.

Le *filet à larges mailles* construit dans le genre des filets à pêcher le poisson, est de forme cylindrique, fermé à l'une des extrémités, avec une coulisse à l'autre bout pour le clore à volonté, tendu dans le milieu par deux cercles en baleine; c'est grâce à cet instrument que l'on peut se procurer les chenilles de certaines noctuélites très-rares qui ne mangent que la nuit et se tiennent cachées dans les feuilles mortes tout le jour, l'on prend des poignées de feuilles que l'on met dans le filet et on les secoue jusqu'à ce que les chenilles tombent sur la nappe, que l'on met en dessous pour les recevoir.

L'*étaloir*, fig. 14, est destiné à étaler les ailes des

Fig. 14.

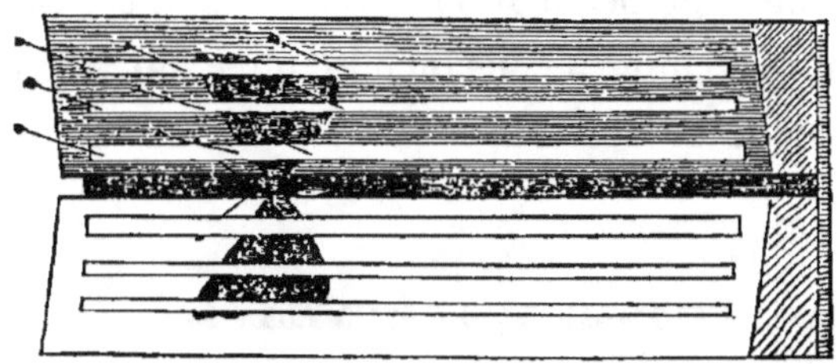

papillons, les côtés sont faits en peuplier, le fond de la rainure est garni de moëlle d'aloës pour y fixer l'épingle du papillon.

Tels sont tous les instruments utiles pour se procurer des papillons, leurs chenilles et leurs chrysalides, mais ce que nous ne saurions trop recommander c'est de ne rien oublier; avant de partir, il faut faire trois fois l'appel de tous ces objets, l'oubli d'un seul peut faire perdre une journée de chasse, faute d'une bouteille, de la pelote, du moindre de vos instruments, le plaisir et l'intérêt que vous vous promettez seront changés en regrets et ennuis; il faut donc avoir toujours ces objets réunis dans une gibecière ou un sac de touriste, fig. 15.

Fig. 15.

Nous donnons de beaucoup la préférence à ce dernier, qui permet d'emporter beaucoup plus, et n'entrave pas la marche et les mouvements.

CHASSE DES CHENILLES.

Parmi les chenilles, les unes vivent à découvert sur les végétaux, d'autres se cachent pendant le jour et ne visitent que pendant la nuit les plantes qui leur servent de nourriture; d'autres habitent le sommet des arbres, d'où elles ne descendent que pour se transformer en chrysalides.

Les chenilles qui vivent à découvert sont nombreuses; lorsqu'on parcourt la campagne pendant les beaux jours du printemps ou de l'été, il suffit d'examiner avec un peu d'attention le premier arbre venu pour y reconnaître de suite la présence et les ravages des chenilles. Il semble donc que le lépidoptérologiste n'ait ici *qu'à se baisser et prendre;* mais cela n'est vrai que pour ces larves communes qu'un collecteur de première année dédaigne même souvent de recueillir. Au contraire, pour trouver les chenilles des espèces rares, on peut dire hardiment qu'il est une foule de qualités indispensables, dont les principales sont un coup d'œil observateur, une longue habitude, et autant que possible, la connaissance pratique de la botanique rurale (1).

Parmi les arbres, ceux qui nourrissent le plus grand nombre de chenilles, sont le chêne, l'orme, le bouleau et le peuplier. Il suffit de frapper le tronc de ces arbres, des deux premiers surtout, dans les derniers jours de mai, ou dans le commencement de juin, pour en faire tomber un grand nombre de larves de Lépidoptères.

Quant aux chenilles qui vivent à découvert sur les plantes basses, une fois que l'on connaît l'époque de leur apparition et les végétaux dont elles se nourrissent, il suffira pour les trouver d'avoir de bons yeux et beaucoup de patience. Observons seulement que s'il est un grand nombre de chenilles qui se tiennent à l'extrémité des feuilles, il en est beaucoup d'autres au contraire qui se retirent pendant le jour au bas de la tige.

La plupart des chenilles de noctuélites vivent so-

---

(1) En effet, lorsqu'un auteur, même sans spécifier de plante, indique d'une manière générale que telle chenille vit sur les labiées, les caryophyllées, les légumineuses, comment pourra-t-on espérer de réussir dans ses recherches, si l'on ne connaît pas au moins les principales plantes dont se composent ces familles ?

litaires et cachées sous les graminées et sous les plantes basses. Ces chenilles ne mangent que la nuit, et le jour elles se retirent sous des feuilles sèches aux environs de la plante qui les nourrit. C'est ici que l'usage de la nappe, du parapluie et du filet à larges mailles devient nécessaire ; on fera des amas de feuilles sèches dans le voisinage des plantes où l'on remarquera que les chenilles ont mangé ; on secouera ensuite ces tas de feuilles en divers sens ; puis, après avoir rejeté les feuilles par poignées, on examinera le fond de la nappe ou du parapluie, pour en retirer les chenilles que ces diverses secousses y auront fait tomber. On sent, du reste, que le hasard doit jouer un rôle immense dans cette sorte de chasse, qui, en échange de beaucoup de peine, donne souvent de médiocres résultats. Il est vrai de dire, par compensation, que c'est à peu près le seul moyen qu'on puisse employer pour se procurer une foule de chenilles de rares noctuélites.

Parmi les chenilles, il en est plusieurs qui se nourrissent exclusivement de graines ; d'autres se renferment dans les siliques de certaines légumineuses ; d'autres, enfin, vivent dans les capsules de plusieurs caryophyllées, particulièrement dans celles des genres *Silene, Lychnis, Agrostemma, Gypsophila*, etc. D'autres sont essentiellement lignivores ou médullivores, et vivent dans l'intérieur des arbres, dans la tige des roseaux (1), etc., etc. Quelques-unes vivent de lichens, d'algues ou autres plantes cryptogames.

(1) Il est indispensable de reconnaître l'ouverture que les chenilles ont pratiquée pour s'introduire dans les végétaux ; pour arriver à

Il en est un grand nombre qui sont frugivores, surtout parmi les pyralites et les tinéites ; elles vivent dans l'intérieur des pommes, châtaignes, etc.; il en est quelques-unes aussi qui vivent dans la graisse ou dans les matières animales en décomposition.

Le blé qui nous sert d'aliment, la laine et la soie qui nous vêtissent, la plume de nos lits, etc., servent de pâture à une foule de chenilles, dont l'énumération exigerait un volume s'il fallait entrer dans le champ de la spécialité.

ÉPOQUE OU IL CONVIENT DE CHASSER LES CHENILLES.

S'il est vrai qu'on trouve des chenilles dans toutes les saisons, il ne l'est pas moins que c'est au printemps et en automne qu'on en rencontre davantage. Ceci posé, nous allons suivre l'ordre du calendrier dans l'indication des mois où paraissent les principales espèces.

Vers la fin de février, ou dans les premiers jours de mars, lorsqu'une douce température commence à succéder aux gelées de l'hiver, on doit explorer les feuilles

cette découverte, on aura soin d'examiner plus particulièrement les feuilles mortes ou languissantes ; c'est le plus sûr indice du voisinage des chenilles ; car les feuilles dont elles ont attaqué la tige se décolorent et ne tardent pas à mourir ; c'est un principe qui ne souffre pas d'exception ; fort de cette connaissance, l'amateur de Lépidoptères arrivera facilement à la découverte du trou pratiqué par la chenille, et ensuite à la conquête de celle-ci.

7*

sèches à l'aide de la nappe ou du parapluie, ainsi que nous l'avons indiqué précédemment. A l'aide de cette méthode, on se procurera un grand nombre de chenilles de noctuélites appartenant aux genres *Agrotis*, *Noctua*, *Triphœna*, etc. Les plantes aux environs desquelles il convient particulièrement de faire des amas de feuilles sèches, sont les suivantes; que nous nommons à peu près dans l'ordre successif de leur développement : la *violette*, le *lierre terrestre (glechoma hederacea)*, la *benoîte (geum urbanum)*, différentes espèces d'*oseille*, principalement les *rumex acetosa* et *acetosella*, les *plantains (plantago lanceolata* et *plantago media)*, et surtout la *grande primevère (primula veris elatior)*, qui croît dans les clairières des bois. C'est ainsi qu'on pourra se procurer les chenilles des noctuelles *Tenebrosa, Festiva, Brunnea, Sigma, Baja, Bella, Ditrapezium* (1) *(tristigma)*, *Triangulum, Rhomboidea, C. nigrum;* celles des *Apamea Basilinea, Anceps (infecta), Unanimis, Strigilis;* des *Aplecta herbida,* et *Nebulosa;* des *Triphœna Linogrisea, Fimbria, Orbona.* La chenille de la *Triphœna Janthina* vit principalement sur l'*arum maculatum*, et c'est aux environs de cette plante qu'il convient de la chercher. On explorera les graminées, surtout celles

(1) Nous avons cru devoir, conformément à la méthode suivie dans le *Species général des Lépidoptères*, restituer aux espèces les noms anciens, donnés par les premiers auteurs qui les ont fait connaître, c'est en admettant ce principe du droit de priorité généralement adopté aujourd'hui, qn'on arrivera à faire cesser toute confusion dans les synonymies, et à posséder une nomenclature uniforme.

qui sont longues et rudes, pour y trouver les chenilles de plusieurs espèces des genres *Leucania* et *Caradrina*, notamment celles des *Leucania pudorina, Turca* et *Impura ;* de la *Triphœna interjecta,* de la *Cerigo cytherea ;* de la *Pachetra leucophœa,* etc. La chenille de la *Noctua Xanthographa* est commune dans tous les bois des environs de Paris ; on la trouve sous la plupart des graminées ; mais elle se nourrit d'un grand nombre de plantes basses.

Le système de chasse dont nous venons de parler devra être continué jusque vers la mi-avril, époque où les chenilles vivant de plantes basses, qui ont passé l'hiver, sont d'ordinaire, presque toutes métamorphosées On continuera cependant de visiter les *rumex acetosa* et *acetosella,* jusque vers le commencement de mai, pour y chercher plusieurs chenilles rares, entre autres celles de la *Noctua glareosa* (*hebraïca*) de la *Tœntocampa gracilis,* etc. Vers le 20 avril, et même plus tôt, il faudra ramasser avec soin les chatons des saules marceaux, des trembles, peupliers, etc., pour y recueillir les chenilles de plusieurs espèces de *Xanthia,* entre autres celles des *X. silago, cerago* et *ocellaris,* qui vivent dans les chatons de ces arbres.

La chenille de la charmante *Xanthia xerampelina* vit exclusivement, pendant le jeune âge, dans les fleurs du frêne, tandis que c'est le hêtre qui fournit, au premier printemps, la chenille de la *Tœniocampa macilenta,* ainsi que celle de la *Xanthia aurago,* rare aux environs de Paris ; elle a été prise à Fontainebleau.

Le mois d'avril est un des mois les plus favorables ; c'est vers le commencement de ce mois qu'il faut chercher la chenille de la *Plusia chrysitis* sur l'ortie dioïque, dans les endroits marécageux ; celle des *Plusia iota* et *V. aureum* sur l'ortie, le chèvrefeuille et la consoude, dans les clairières humides des bois. C'est aussi le meilleur moment pour la recherche de la chenille de la *Chelonia hébé*, qui vit sur la mille-feuille, le séneçon, etc., dans les parties sèches et brûlées des terrains siliceux calcaires. A la même époque, la chenille de la *Chelonia civica* est parvenue à toute sa taille. On la trouve dans les clairières arides des bois, sur la mille-feuille, les rumex, etc., etc. Celle de la *Chelonia villica* vit principalement sur les orties, le *labium album*, etc.; celle de la *Callimorpha dominula* habite les lieux humides, sur l'ortie, la cynoglosse, la buglosse et autres boraginées. Une excellente localité pour cette espèce est le bord de la Bièvre, au-dessus de Versailles, en se dirigeant vers Laminière. C'est encore à la fin d'avril qu'il convient de rechercher la chenille de certaines Sésies, entre autres, celles des *Sesia mutillæformis, tipuliformis* et *asiliformis ;* la première vit dans l'intérieur des jeunes branches du pommier, la deuxième dans l'intérieur du groseillier, et la troisième dans le tronc des jeunes trembles et peupliers. A cette époque, on n'oubliera pas d'explorer les lichens qui croissent le long des parapets des ponts, ou contre les vieux bâtiments, pour y recueillir les chenilles des *Bryophila perla, glandifera* et *ravula ;* celle d'*Algæ* vit, au contraire, sur les lichens des arbres. Enfin les lichens qui tapissent le tronc des arbres exposés au midi, particulièrement le tronc des chênes, des ormes et des peupliers, devront être soigneusement visités, parce qu'ils servent de nourriture à un grand nombre de chenilles de lithosies, au nombre desquelles nous mentionnerons les *Lithosia complana*, *complanula*, *griseola*, etc., etc. La chenille de la lithosia *Caniola* préfère les lichens des toits et des murailles.

Vers le 10 mai, lorsque les bois se couvriront de feuilles, c'est alors que l'on devra commencer, soit à l'aide du maillet, soit avec un bâton, à frapper le tronc ou les branches des arbres, pour en faire tomber les jeunes chenilles. On trouvera sur le chêne les chenilles des *Catocala sponsa* et *Promissa*, la première en battant les branches dans le parapluie, ou en frappant le tronc de l'arbre avec le maillet ; la seconde se tient pendant le jour dans les rides des écorces avec lesquelles elle se confond souvent par sa couleur.

La *Catocala nupta* se trouve sur le saule et le peuplier, elle arrive à toute sa taille en juin et juillet, elle descend aussi souvent entre les rides des écorces.

Les *Catocala dilecta* et *Elocata* ont été prises quelques fois à Fontainebleau, la première sur le chêne,

(1) Nous n'avons pas besoin de faire observer ici que les noms français qui ont été pour la plupart créés par Ernst et Geoffroi sont bien rarement en harmonie avec les noms latins, les seuls qui soient usités dans les classifications actuelles. C'est pourquoi nous les avons supprimées.

la seconde sur le peuplier ; c'est alors que le chêne, l'orme et la plupart des arbres forestiers sont dévorés par des myriades de chenilles, appartenant pour la plupart à la tribu des bombycites, à celle des noctuélites et des phalénites. Il serait superflu de les énumérer ici. Qu'il nous suffise de dire que le passage du mois de mai au mois de juin est l'époque de l'année où les chenilles pleuvent, pour ainsi dire, des arbres. L'expérience seule peut apprendre au lépidoptérologiste quelles sont les espèces qui méritent d'être recueillies. A cette époque, on fera bien de chasser aussi, sur le tronc des arbres, certaines chenilles qui, pendant le jour, se tiennent immobiles entre les interstices des écorces, principalement sous les mousses et lichens qui les garnissent et que le maillet ne saurait faire tomber. C'est ainsi que le chêne procurera les chenilles des noctuelles *Aprilina*, *Munda* et *Lœvis*, le peuplier et les saules, celles des noctuelles, *Ypsilon* et *Lota*, etc.

C'est encore vers la fin de mai qu'on trouvera, mais rarement, sur diverses espèces de peupliers, la chenille de la feuille morte qui porte le nom de cet arbre (*Lasiocampa populifolia*). Celle de la *Nymphalis populi* vit sur le tremble et se métamorphose ordinairement vers le 25 mai. C'est vers la fin du même mois qu'on doit chercher la chenille du *Limenitis Sibylla*, dans les clairières sombres des bois humides, sur le chèvrefeuille commun (*Lonicera periclymenum*), celle du *Limenitis Camilla* sur la même plante, et aussi sur le *Symphoricarpos racemosa*, plante exotique qui décore les jardins. On trouve aussi la même chenille sur le camérisier des bois (*Lonicera xylosteum*).

A la même époque, la chenille de la *Chelonia purpurea* se trouve, parvenue à toute sa taille, sur le genêt à balai (*Spartium scoparium*), la grande ortie (*Urtica dioïca*), la vigne, etc., etc. Cette chenille est polyphage, ainsi que la plupart de ses congénères, et n'est pas rare certaines années.

Le commencement du mois de juin est encore propre à la recherche des chenilles de Bombycites et de Noctuélites. C'est l'époque où la chenille de la feuille morte du prunier (*Lasiocampa pruni*) se change ordinairement en chrysalide. Cette chenille vit rarement sur les arbres fruitiers ; on la trouve dans les bois, sur le chêne, le bouleau et particulièrement sur l'orme. La chenille du *Bombyx dumeti* se tient cachée sous les feuilles de pissenlits (*Leontodon taraxacum*), de l'épervière piloselle (*Hieracium pilosella*) et de plusieurs autres chicoracées. La chenille du *Liparis V. nigrum*, celle de l'*Orgyia fascelina*, se trouvent : la première sur les arbres forestiers, dans les bois humides ; la seconde sur les genêts (*Spartium scoparium*) dans les lieux arides.

Vers la Saint-Jean, on devra chercher la chenille du (*Bombyx castrensis*) sur le ciste hélianthème, le tithymale à feuille de cyprès (*Euphorbia cyparissias*), le genêt, etc. ; celle de la noctuelle la *Cleophana linariæ* sur la plante du même nom ; celle de la vanesse carte géographique brune (*Vanessa prorsa*), depuis le 25 juin jusqu'au 8 juillet, sur la grande ortie, dans les clairières marécageuses des bois. Cette chenille vit en famille comme la plupart de ses congénères, et est très-commune dans la forêt de Compiègne, surtout du côté de Pierrefonds. Plus près de Paris on la trouve, mais moins abondamment, sur les bords de la Bièvre, au-dessus de Versailles, dans les forêts de Bondy, de Châville, etc. Celle de la *Catocala fraxini* sur les les trembles des forêts.

Le mois de juillet qui est en général une saison peu favorable à la recherche des chenilles de noctuélites, est, au contraire, le temps le plus propice pour trouver les chenilles de Sphinx. C'est à cette époque qu'il faudra chercher la chenille du *Deilephila Euphorbiæ*, sur différentes espèces d'Euphorbia, principalement le *Cyparissias* dans les endroits sablonneux.

Vers le 15 juillet, on commence à trouver la chenille du *Pterogon œnotheræ* sur les *Epilobium roseum* et *montanum*, elle n'est pas commune aux environs de Paris ; celle de l'*Acherontia Atropos* sur la pomme de terre et les *Lycium barbarum* et *Europœum*; celle du *Sphinx Ligustri*, sur le troène (*Ligustrum vulgare*), le lilas, (*syringa vulgaris*); celle du *Sphinx Convolvuli*, sur le *Convolvulus arvensis*.

Vers le commencement et jusque vers le milieu du mois d'août, on cherchera la chenille du *Deilephila porcellus* sur le caille-lait jaune (*Galium verum*); celle du *Deilephila galii* sur la garance (*Rubia tinctorium*); il est bon d'observer que ces deux chenilles vivent solitaires et cachées au bas de la plante, pendant le jour; celle du *Macroglossa stellatarum* vit sur le

caille-lait blanc (*Galium mollugo*) ; celles des *fuciformis* et *bombyliformis* se trouvent, la première toujours cachée pendant le jour au bas des touffes de la
scabieuse mort-du-diable (*Scabiosa succisa*), la seconde
sur les chèvrefeuilles.

La chenille du *Deilephila elpenor* doit être cherchée
depuis le 10 août jusqu'au commencement de septembre, sur plusieurs espèces d'épilobes, au bord des
étangs ou des mares. On la rencontre aussi sur la vigne,
mais beaucoup plus rarement.

C'est vers le mois d'août qu'on trouvera la chenille
de la *Gortyna flavago* dans l'intérieur des tiges de
l'hyèble (*Sambucus ebulus*) ; celle des *Nonagria typhæ*
et *sparganii* dans la tige des *Typha* et des *Sparganium*
qui croissent au bord des mares, dans les lieux marécageux ; celle de la *Nonagria paludicola* vit dans l'intérieur des tiges de l'*Arundo phragmites*.

Dans le mois de septembre on battra le tronc ou les
branches des saules et des peupliers pour y recueillir
la chenille des *Pygæra curtula*, *anachoreta*, *reclusa*,
anastomosis, etc. On trouvera sur le chêne la chenille
du *Pygæra bucephala*, et celle de plusieurs autres
bombycites et noctuélites. Vers la fin du même mois
et vers le commencement d'octobre, on se procurera
en battant les chênes celle du *Notodonta querna*.

La fin de septembre ou le commencement d'octobre
est l'époque la plus favorable à la recherche des chenilles de deux belles noctuelles, les *Thyatira batis* et
derasa ; on trouvera les chenilles de ces deux Lépidoptères sur différentes espèces de ronces et sur le

framboisier (*Rubus fruticosus, cæsius* et *idæus*). Il est bon de remarquer que la première de ces chenilles vit à découvert, tandis que la seconde se cache en dessous des feuilles. C'est à la même époque qu'on devra rechercher les chenilles de la *Mamestra Persicariæ* et de la *Phlogophora Lucipara ;* on les rencontrera également sur la ronce et sur diverses autres plantes.

Vers le mois de novembre, on devra de nouveau faire des amas de feuilles sèches, et y chercher, comme nous l'avons dit plus haut, les chenilles qui doivent passer l'hiver.

MANIÈRE D'ÉLEVER LES CHENILLES.

L'éducation des vers à soie peut servir en général de modèle à celle des autres chenilles. Toutes les fois donc qu'on trouvera une chenille sur une plante, on est à peu près sûr de l'élever en lui fournissant une quantité suffisante de cette plante, qu'on aura soin de tenir fraîche et de renouveler souvent, surtout dans le moment des grandes chaleurs.

Il y a beaucoup de chenilles qui sont polyphages. On pourra les nourrir indistinctement avec toute espèce de végétaux.

Dans l'état de captivité, la laitue et la romaine conviennent particulièrement à la plupart des chenilles de noctuélites qu'on trouve sous les feuilles sèches, en automne ou au commencement du printemps.

Mais pour la plupart des autres chenilles c'est un

ali ment trop aqueux qui relâche les tissus, et qui bien souvent étiole d'avance les couleurs de l'insecte parfait que la chenille doit produire.

Les chenilles qui doivent s'enterrer seront élevées dans de grands vases, ou dans des pots à fleurs à demi remplis de terre de bruyère. Afin de donner de l'air et de la lumière aux chenilles, on couvrira ces pots ou ces vases avec de la gaze, du canevas ou de la toile métallique. On aura soin en outre d'étendre sur la terre dont nous venons de parler un lit de mousse et de feuilles sèches, afin que les chenilles puissent s'y blottir, ainsi qu'elles ont l'habitude de le faire dans la nature. Nous recommandons surtout ce moyen pour les chenilles de noctuélites qu'on se sera procurées à l'aide de la nappe ou du parapluie; il devient indispensable pour les chenilles qui passent l'hiver à l'état de captivité.

Pour élever les espèces qui aiment la chaleur, telles que les écailles *(Chelonia)* et en général toutes les chenilles fileuses, il est préférable d'avoir des boîtes dont le couvercle soit presque aussi profond que la boite elle-même; on aura soin de supprimer une partie dudit couvercle et de la remplacer avec de la gaze fixée par de la colle.

Certaines espèces qui vivent au sommet des montagnes, souvent entourées de brouillards, ont besoin pour être élevées que l'on remplace artificiellement cette humidité. M. Fallou a récemment construit dans ce but un instrument pour pulvériser l'eau, avec lequel il a obtenu de très-bons résultats.

On nettoiera souvent les boîtes et les pots où il y aurait un grand nombre d'individus pour éviter que les crottes n'engendrent en se moisissant des exhalaisons nuisibles.

PRÉPARATION ET CONSERVATION DES CHENILLES.

Nous ne terminerons pas cet opuscule sans dire quelques mots sur la manière de préparer et de conserver les chenilles dans les collections, et c'est ici l'occasion de recommander aux jeunes amateurs de ne point négliger l'étude des chenilles, qui est si importante en entomologie. Quelquefois, en effet, ce n'est qu'au moyen des larves qu'on peut déterminer d'une manière positive certaines espèces, et, dans la pratique, c'est en élevant les chenilles, qu'on se procurera les papillons les plus frais et les plus rares, ainsi qu'un grand nombre d'espèces qu'on ne rencontre presque jamais à l'état d'insecte parfait.

Pour étudier les chenilles à son aise, pour reconnaître celles qu'on a déjà une fois trouvées, il est bon de pouvoir les conserver, afin de les avoir sans cesse sous les yeux. Plusieurs méthodes sont employées à cet effet.

La première manière de conserver les chenilles n'exige aucune préparation préalable, elle consiste à les enfermer dans des petits tubes de verre remplis d'alcool très-étendu avec de l'eau distillée, et bouchés bien hermétiquement ; mais avant de plonger ainsi les chenilles dans les fioles d'esprit de vin où elles doivent définitivement demeurer, il faut avoir soin de les laisser séjourner quelques heures dans d'autre alcool où elles puissent dégorger les matières âcres et colorantes dont elles se débarrassent pendant leur agonie.

L'esprit de vin, du reste, quelque faible qu'il soit, a l'inconvénient d'altérer, au bout d'un temps plus ou moins long, les couleurs des chenilles, on ferait donc bien de lui substituer la liqueur suivante :

Esprit de vin.	350 grammes.
Eau distillée.	250 id.
Sublimé corosif.	10 id.
Alun calciné	80 id.

La seconde méthode consiste à injecter dans les chenilles, avec une très-petite seringue, après les avoir vidées, un mélange de cire colorée, fondue avec de l'essence de térébenthine.

« Au lieu d'injecter, dit M. Boitard, on peut remplir « le corps de la chenille avec du coton haché très- « menu, dans lequel on met un peu d'arsenic et d'alun « calciné réduits en poudre. »

Mais ce n'est que pour mémoire que nous parlons de ces diverses méthodes, dont l'emploi est long et difficile et dont les résultats sont loin souvent d'atteindre le but qu'on se propose.

Celle que nous avons adoptée définitivement, après avoir essayé de toutes les autres, et dont nous avons été le plus satisfait, est la vieille méthode d'insufflation sur laquelle nous nous étendrons un peu plus longuement bien qu'elle soit mentionnée et fort bien expliquée par plusieurs auteurs.

Voici de quelle manière on devra procéder pour souffler les chenilles qu'on désirera conserver dans sa collection :

On commencera par vider entièrement la chenille en la pressant entre le pouce et l'index et en faisant sortir avec soin par l'extrémité de l'abdomen tous les intestins et viscères. Lorsque le corps de la chenille ne contiendra plus rien, ce dont il sera facile de s'assurer en voyant si la peau est bien transparente, on introduira dans l'anus un tube de paille proportionné à la grosseur de la chenille, et on le fixera à la peau, soit avec un fil, soit, ce qui est préférable, avec une épingle très-fine : on allumera ensuite du charbon de bois dans un réchaud, et quand le charbon sera bien incandescent on placera au-dessus un vase en tôle de forme concave ou une simple plaque de tôle extrêmement mince : la tôle ne tardera pas à s'échauffer et à dégager une grande quantité de calorique; c'est alors qu'il faudra souffler la chenille en la tenant à quelques centimètres au-dessus de la tôle et en roulant le tuyau de paille dans ses doigts pendant qu'on soufflera, afin que la chenille sèche également de tous les côtés. Dans l'espace de deux ou trois minutes, selon la grosseur de la chenille, l'air chaud qui se dégage sans cesse de la tôle aura entièrement retiré de la peau toute l'humidité qu'elle contenait, et la chenille aura conservé la forme qu'on lui aura donnée pendant l'opération. On saura que le travail est terminé lorsqu'en pressant légèrement la chenille entre les doigts , on sentira que la peau est suffisamment tendue. Quand on sera obligé de s'arrêter pour reprendre haleine pendant qu'on soufflera la chenille, il faudra avoir soin de la retirer du feu, car si on la laissait quelques secondes seulement dans l'air chaud sans la souffler, la peau prendrait un mauvais pli qu'on ne pourrait plus faire revenir. La chenille étant préparée, il ne restera plus qu'à retirer la paille ou à la couper et à traverser l'insecte de part en part avec une épingle, à moins qu'on ne préfère le fixer avec de la gomme dissoute dans l'eau, sur un petit morceau de liége ou de moelle de sureau.

Le choix des chenilles qu'on veut ainsi conserver en les soufflant doit être fait avec quelque discernement ; ainsi les chenilles velues , telles que celles des Écailles et de certains Bombyx *(B. cratægi, quercus, pruni, trifolii, auriflua,* etc., etc.) devront être tuées peu de temps après le dernier changement de peau ; sans cette précaution, les poils se détacheraient du corps pendant qu'on pressurerait la chenille pour la vider , et l'on n'aurait dans sa collection que des sujets incomplets et méconnaissables. Il faut aussi, autant que possible, faire choix d'individus bien sains, car lorsqu'une chenille est ichneumonée , outre qu'on risque de crever la peau en la vidant, les piqûres d'ichneumons laissent de petits trous par lesquels l'air s'échappe , ce qui fait souvent manquer l'opération. Enfin, il ne faut pas vouloir souffler une chenille pendant qu'elle mue, état qu'on reconnaît facilement au gonflement des anneaux et à la tension de la tête, parce que dans ce moment la chenille perd ordinairement sa forme et la vivacité de ses couleurs.

Une dernière observation qui s'applique à toutes les collections entomologiques en général, mais bien plus spécialement à celle des chenilles, c'est de tenir ses boîtes dans un lieu bien sec. Si l'humidité venait à pénétrer dans les cartons, les chenilles soufflées qu'ils renfermeraient se déformeraient immédiatement et la collection serait détruite; car les chenilles perdraient bien vite cette apparence de vie qu'on parvient à leur donner, avec l'habitude, quand on les prépare par la méthode d'insufflation que nous venons d'expliquer.

CHRYSALIDES.

On sait que les chenilles accomplissent leurs métamorphoses de plusieurs manières; les unes, à l'instar du ver à soie, filent une coque plus ou moins dure; les autres se suspendent horizontalement ou verticalement, soit au tronc des arbres, soit aux parois des murailles. Il en est plusieurs qui pratiquent sous l'écorce des arbres une petite loge dans laquelle elles renferment leurs chrysalides; le plus grand nombre s'enterrent au pied des arbres ou au bas des plantes qui leur ont servi de nourriture.

A l'exception de quelques espèces comme le Bombyx grand Paon (*Saturnia pyri*) ou comme l'écaille fuligineuse (*Chelonia fuliginosa*), dont la première fait sa coque soit au pied des ormes ou des arbres fruitiers, soit aux enfourchures des branches de ces arbres, soit contre le chaperon des murs qui les avoisinent, dont la seconde file sous les rebords ou dans les interstices des vieilles murailles, à l'exception, disons-nous, de quelques espèces, les chenilles fileuses font leur coque tantôt au sommet des branches d'arbres, tantôt à l'extrémité des tiges, tantôt encore dans les racines des plantes qui les ont nourries; mais, dans tous les cas, elles dissimulent si bien le lieu de leur nouvelle retraite, que c'est un bien grand hasard que de le découvrir. Il faut donc renoncer à ce genre de chasse, excepté pour quelques familles, les Zygénides, par exemple, qui suspendent pour la plupart une coque ou bateau à l'extrémité des longues graminées voisines de la plante sur laquelle elles ont vécu; c'est ainsi que vers la fin de juin, dans les lieux arides où croissent en abondance, le *Lotus corniculatus*, *Hippocrepis comosa* et les *Coronilla varia*, *minima*, on se procure les coques des *Zygæna peucedani*, *hippocrepidis*, etc.

Pendant l'hiver et au premier printemps, on peut espérer de rencontrer la coque de la *Harpya Milhauseri*, incorporée au tronc des chênes surtout dans les bois exposés au midi, et dont le taillis est peu fourré. Cette coque est extrêmement difficile à découvrir parce qu'elle se confond avec l'écorce des arbres dont elle fait partie.

C'est aussi dans l'hiver qu'il faudra chercher les coques des *Dicranura erminea*, *vinula et bifida.* Ces coques épaisses et très-dures se trouvent au bas des trembles et des diverses espèces de peupliers,

La plupart des Lépidoptères diurnes ou rhopalo-cères, se suspendent horizontalement ou verticale-ment, selon les différents groupes auxquels ils appar-tiennent, soit en dessous des feuilles, des végétaux, soit même contre les murailles des vieilles habita-tions.

En soulevant avec un instrument l'écorce des ormes, on y trouvera aisément, dans l'hiver, les chrysalides des *Acronycta*, *psi*, *aceris*, etc., sous l'écorce des peupliers, celle de l'*Acronycta megacephala*, et sous l'écorce des frênes, celle de l'*Acronycta ligustri*.

Mais une recherche qui sera beaucoup plus fruc-tueuse que toutes celles dont nous venons de parler, c'est celle des chrysalides dont les chenilles se sont enterrées au pied des arbres.

On fouillera au pied de ces derniers, dans un rayon de 12 ou 15 centimètres au plus, et à une profondeur de 6 ou 7 centimètres au moins, soit avec l'écorçoir, soit avec la pioche dont nous avons parlé plus haut. On aura soin ensuite d'éparpiller la terre afin de ne perdre aucune des chrysalides qui pourraient s'y être logées (1).

L'orme et le peuplier sont les arbres au pied des-quels on trouve le plus de chrysalides. La raison en est simple ; indépendamment de ce que ces arbres nourrissent un grand nombre de chenilles, ils ont en outre l'avantage d'être isolés, étant pour la plupart du

(1) Pour pratiquer l'opération que nous venons de décrire, il convient de choisir une terre meuble ; plus la terre est dure et résistante, moins il y a de chance pour y trouver des chrysalides.

temps disposés par rangées, ou tout au moins en quinconce, le long des routes, des rivières, etc., tandis que les chênes, les bouleaux, et autres arbres forestiers, offrent presque toujours des taillis peu pénétrables aux influences de l'air et de la lumière ; d'ailleurs dans un massif d'arbres, il est impossible de savoir quels sont ceux au pied desquels les recherches doivent être dirigées de préférence.

Si l'on fouille pendant l'hiver au pied des ormes qui bordent les routes, on y trouvera les chrysalides du *Smerinthus Tiliæ* (1). Celles de plusieurs espèces de noctuelles, entre autres les *Tœniocampa stabilis, instabilis, cruda (ambigua), miniosa ; Mamestra brassicæ ; Hadena oleracea ; Diphtera Orion*, etc., enfin plusieurs chrysalides de géomètres telles que celles de l'*Amphydasis betularia*, de *Biston hirtaria, Phigalia pilosaria*, etc., etc.

Sous les peupliers, particulièrement dans les lieux humides, on pourra trouver à la même époque les chrysalides, du (*Smerinthus populi*), et celles de plusieurs Notodontides, ainsi que les chrysalides des *Cymatophora ocularis (Octogesima)* et de *Tœniocampa populeti* qui commencent à éclore dans les premiers jours du mois de mars.

Nous avons dit que la recherche des chrysalides au pied des chênes, était généralement une recherche

---

(1) En Suède, et dans les parties septentrionales de l'Europe, où l'orme ne végète plus, la chenille de ce sphinx vit sur le tilleul ; c'est pour cela que Linné, qui l'a décrit le premier, lui a imposé le nom de *Smyrinthus Tiliæ*.

stérile ; il n'en est cependant pas toujours ainsi, surtout lorsqu'il s'agit de chênes arrivés à une certaine grosseur, placés sur la lisière des bois, à une assez grande distance les uns des autres, et bien exposés aux rayons du soleil. On trouvera sous ces arbres ou en soulevant la mousse qui en garnit le pied, plusieurs espèces de chrysalides de Notodontides et de Noctuélites, dont les chenilles se sont métamorphosées pendant l'automne ; dans les mois de juillet et d'août si l'on fouille au pied des chênes situés ainsi que nous venons de le dire, on y rencontrera les chrysalides de l'*Hadena protea*, et de l'*Ahriopis aprilina*, espèces qui éclosent vers la fin de septembre ou dans le commencement d'octobre ; dans l'ouest de la France, c'est ainsi qu'on se procure la chrysalide de l'*Hadena roboris*.

Il arrive souvent que plusieurs chenilles de Noctuélites qui vivent sur les plantes basses, dans l'intérieur des bois viennent se métamorphoser au pied des chênes ; nous citerons, entre autres, l'*Axilia putris* et la *Xylophasia hepatica*, dont on trouve quelquefois les chrysalides en soulevant la mousse qui tapisse le bas des gros chênes. Comme la chenille de cette dernière espèce opère sa métamorphose dès le mois de février, c'est dans les mois de mars et d'avril qu'il convient d'en chercher la chrysalide.

Enfin un excellent moyen de se procurer les chrysalides de plusieurs espèces rares, entre autres celles des *Agrotis porphyrea*, *agatina* et *ericœ*, un moyen qu'on emploie avec succès dans le centre et dans l'ouest de la France, c'est de suivre les paysans lorsqu'ils arrachent les bruyères (1). Les racines de ces plantes recèlent différentes espèces de chrysalides appartenant pour la plupart à de rares Noctuélites, ou à de bonnes Géomètres.

Pour compléter ces renseignements sur la chasse aux chrysalides, nous extrayons quelques passages d'un article publié en Angleterre par le révérend Joseph Greene.

Après avoir cherché à démontrer, fort spirituellement que l'insuccès est dû, neuf fois sur dix, au manque de patience du chasseur, et donné une liste de 113 espèces de chrysalides trouvées par lui au pied des arbres, il dit : Ceux au pied desquels il faut chercher de préférence, sont : le saule, le chêne, l'orme, le bouleau, le hêtre, le frêne et l'aubépine ; on ne devra cependant pas négliger entièrement les autres arbres, lorsqu'on les rencontrera isolés, quoiqu'il y ait beaucoup moins à trouver ; c'est à la racine des sapins, entre autres, que l'on rencontrera les *Boarmia abietaria* et *Trachea Piniperda*.

Septembre et octobre sont la meilleure époque pour la recherche des chrysalides. Plus tard, elles deviennent d'autant plus rares que la saison est plus avancée, la différence est dans la proportion de deux à huit en janvier.

Les seules choses nécessaires dans cette chasse sont : un écorçoir et une petite boîte garnie de

---

(1) Dans certains pays, cela s'appelle *écobuer* les bruyères.

mousse, pour contenir les chrysalides, qui seront prises en main le moins possible et avec beaucoup de précaution.

Les meilleures localités sont les parcs et les vergers où il y a des arbres disséminés. Les arbres autour desquels les animaux domestiques ont enlevé le gazon, ceux situés sur les bords des rivières, des digues, etc.; un sol sec et friable est le plus avantageux pour cette chasse.

Lorsque l'on a rencontré ces conditions, on introduit l'écorçoir à environ vingt centimètres du tronc et à la profondeur de dix centimètres; on éparpille la terre comme il est dit page 107, on examine aussi la partie découverte par l'enlèvement de la terre et l'on tâte doucement, pour tâcher de découvrir les cocons qui sont adhérents à l'arbre et aux racines; si cependant celles-ci sont fortement entrelacées, il n'y a pas d'avantage à les examiner. On doit visiter aussi avec beaucoup de soin les nœuds et les crevasses formés dans l'écorce; on est souvent étonné du peu de dimension des trous ou crevasses par lesquels une chenille peut pénétrer. Il faut également chercher dans et sous la mousse qui recouvre les racines et le bas du tronc; c'est presque toujours de cette manière que l'on se procure des chrysalides de Bombyx.

En fouillant autour des arbres dont les racines ne sont pas du tout à découvert, il ne faut pas s'écarter de plus de dix centimètres du tronc, ni pénétrer à plus de huit centimètres de profondeur. Lorsque l'on aura fouillé dans un sol trop dur pour que les chenilles aient dû y pénétrer, si l'on remet la terre en place après l'avoir bien divisée, il est probable que plus tard on sera dédommagé de sa peine par des chrysalides que l'on y rencontrera.

Quoique nous ayons indiqué septembre et octobre comme la meilleure époque pour la chasse des chrysalides, on peut en trouver cependant toute l'année, et, bien que le printemps et l'été soient consacrés de préférence à la recherche des papillons et des chenilles, si l'on sort alors avec l'écorçoir, on trouvera à l'utiliser, ne serait-ce que pour préparer la place, comme il est dit plus haut, au pied des arbres que l'on aura reconnus propices pour la transformation des chenilles.

CONSERVATION DES CHRYSALIDES.

Pour conserver et faire éclore chez soi les chrysalides qu'on aura recueillies, on aura soin de les enterrer à moitié dans des boîtes ou des pots à demi remplis de terre de bruyère, de manière à ce que la pointe ou partie postérieure de la chrysalide, reste enfoncée dans la terre, tandis que la partie antérieure par laquelle le papillon devra sortir sera dirigée vers le ciel. On recouvrira ensuite les chrysalides avec une couche légère de mousse qu'on aura soin d'humecter de temps en temps.

INSTRUCTIONS SUR LA CHASSE

DES

LÉPIDOPTÈRES A L'ÉTAT D'INSECTE PARFAIT.

Une foule de notions diverses sont indispensables au chasseur de Lépidoptères. En première ligne se placent la connaissance exacte des mœurs de ces insectes, celle des époques où ils paraissent, celle des terrains et des plantes que telle ou telle espèce affectionne particulièrement ; les heures de la journée où elle se montre de préférence ; l'influence exercée soit par l'exposition de la localité, soit par les agents atmosphériques ; mille causes, en un mot, dont la réunion forme la théorie complète du chasseur.

S'il s'agissait de raisonner sur *ces causes*, il y aurait matière à un ouvrage de longue haleine ; mais comme notre seul but ici est d'être utile aux amateurs peu expérimentés, en leur rendant les recherches pratiques plus faciles, nous nous bornerons à décrire uniquement les faits les plus connus et les mieux observés.

Pour les Lépidoptères rhopalocères ou diurnes, il est évident que la chasse doit en être faite au moyen du filet ou de la pince à raquette (1).

(1) « Pour attraper un diurne qui est posé, dit Godart à la fin « du premier volume de son ouvrage sur les Lépidoptères de France,

Il vaut mieux se servir de la pince à raquette que du filet pour prendre les sésies, les teignes, en un mot toutes les petites espèces.

La plupart des sphingides, des bombycites, des noctuélites et des géomètres se laissent piquer sur place pendant le jour.

Il est des espèces nocturnes sur le corselet desquelles les épingles sont sujettes à glisser; telles sont les lichenées *(Catocala)*, la catephia alchymista, et beaucoup d'autres encore. Pour plus de sûreté, on fera bien de les piquer d'abord avec une aiguille un peu forte, mais dont la pointe sera très-acérée. Le papillon étant une fois piqué, on remplacera de suite cette aiguille par une épingle proportionnée au corps de l'insecte. Nous nous servons surtout avec succès pour piquer sur place les espèces un peu vives, d'un petit instrument que chacun peut se fabriquer aisément. Il consiste en 3 ou 4 aiguilles réunies ensemble l'une contre l'autre et adaptées par la tête, au moyen de cire, dans un tuyau de plume qui les maintient et ne leur permet pas de s'écarter quand on s'en sert.

« il faut s'en approcher avec précaution, et surtout lui dérober
« l'ombre du filet. S'il est par terre, on pose dessus cet instru-
« ment, puis on lève la gaze pour aider l'insecte à monter. S'il est
« sur une plante, sur un tronc d'arbre ou contre un mur raboteux,
« on le prend en remontant, et on retourne de suite le fer pour que
« la poche se ferme.

« Quand l'animal est captif, on le cerne dans un des coins du filet,
« puis on lui presse doucement les côtés de la poitrine avec le pouce
« et l'index. Après cela on le pique sur le milieu du corselet, de
« manière que la pointe de l'épingle sorte entre la deuxième paire
« de pattes. »

Mais le moyen qui nous semble préférable à tous ceux indiqués précédemment est l'emploi du flacon à large goulot (40 à 50 millimètres au moins), préparé comme il est dit avec 2 ou 3 grammes de cyanure de potassium ; on y fait entrer les noctuelles et géomètres que l'on trouve appliquées contre les arbres, on ferme vivement le flacon et après quelques instants, on peut les piquer sans crainte d'endommager leur corselet et souvent de les manquer ; un flacon bien préparé peut durer un an. On peut aussi remplacer le cyanure par le chloroforme, dont on verse quelques gouttes sur le bouchon, mais il faut le renouveller plusieurs fois dans la journée. Nous préférons donc le cyanure.

Beaucoup de Lépidoptères rhopalocères, ou diurnes, passent la nuit sur les plantes ou sur les fleurs. Telles sont les Lycénides. On pourra facilement les prendre avec les doigts, avant leur lever, et aussitôt après leur coucher. C'est ainsi qu'on prend les *Lycæna hylas*, *argus*, *ajon*, *corydon*, etc., sur les fleurs du serpolet, de l'origan, etc., plantes que ces espèces affectionnent.

Les *Nymphalis populi*, et *Apatura Iris* et *Ilia*, ne volent guère que le matin depuis 8 jusqu'à 11 heures. Dans les belles et chaudes journées, ils reparaissent ensuite de 3 à 5 heures de l'après-midi. Ils descendent en planant, et vont se reposer sur la fiente des bestiaux, dans les routes fréquentées. Si on les manque, il faut bien se garder de les poursuivre, parce qu'ils disparaî-traient sans retour, tandis que si l'on reste tranquille, on est presque sûr qu'ils ne tarderont pas à revenir.

Les Piérides volent dans les jardins, les prairies, etc. ;

les Argynnes et les Mélitées se plaisent dans les avenues et dans les clairières des forêts. Elles se reposent,
 insi que certaines Hespéries, sur plusieurs sortes de
bugles *(Ajuga reptans* et *pyramidalis)*.

Les Satyres aiment en général les endroits rocailleux
et stériles.

Les Sésies s'attachent pour la plupart au bois pourri.
Plusieurs espèces aiment à butiner dans nos jardins les
fleurs du seringat odorant *(Coronarius philadelphius)*.

A l'exception de trois espèces, des *Macroglossa fuciformis, bombyliformis* et *stellatarum,* tous les Sphinx
dorment pendant le jour au bas des plantes ou contre
le tronc des arbres. Le soir, les uns butinent vers le
crépuscule, dans nos jardins, sur les fleurs du chèvrefeuille, du phlox, de la saponaire, de la valériane, etc.;
et surtout des petunias; les autres volent, à la même
heure, dans les prairies, pour y pomper le nectar des
fleurs, particulièrement celui de la sauge des prés.

Les Zygènes se tiennent sur les fleurs des scabieuses,
des chardons, ou au bout des longues herbes.

Les mâles des *Aglia Tau, Endromis Versicolora,
Bombyx Rubi, Quercus, Dumeti,* etc., volent pendant
le jour à l'ardeur du soleil, de huit heures du matin à
midi pour la plupart, quelques autres plus tard. Les
femelles de ces Bombyx dorment pendant le jour,
appliquées contre le tronc des arbres ou cachées dans
les feuilles sèches. Si l'on parvient à trouver une de ces
femelles qui n'ait pas été déjà fecondée, il faudra bien
se garder de la piquer, c'est un excellent appât pour se
procurer des mâles; on aura soin, au contraire, de la

renfermer dans une petite cage de gaze bien transparente, et l'exposer dans une allée, ou dans une clairière bien découverte ; on ne tardera pas à voir une grande quantité de mâles voltiger à l'entour, et l'on pourra ainsi en prendre un grand nombre, sans bouger de place.

La plupart des autres Bombycites, et un grand nombre de Noctuélites, dorment immobiles, pendant le jour, contre le tronc des arbres forestiers ; c'est alors que, pour les en faire tomber, l'usage du maillet devient indispensable. On ébranlera donc les arbres au moyen d'un coup sec sur le tronc, à peu près à la hauteur de la main ; en même temps que l'on donnera le coup, on promènera ses regards, dans un rayon de deux à trois mètres, autour de l'arbre, pour y découvrir les espèces que cette commotion subite aurait fait tomber immédiatement sur le sol

Quand le temps est nébuleux et froid, cette chasse peut avoir lieu à toutes les époques de la journée ; il n'en est pas de même pendant les heures ardentes de l'été ; à cette époque de l'année, les Bombycites et Noctuélites s'envolent, au lieu de tomber à terre, lorsque le coup de maillet a été donné. Ainsi, à partir du moment où les rayons du soleil auront acquis assez de force, ou même lorsque, par un temps couvert, la chaleur sera assez intense pour produire l'effet dont nous venons de parler, cette chasse devra être faite de grand matin, depuis quatre heures jusqu'à sept ou huit heures au plus

Nous avons dit tout à l'heure que les Sphinx aimaient à butiner sur les fleurs, au moment du crépuscule.

Il en est de même d'un grand nombre de Noctuélites :
c'est ainsi qu'on prend sur les valérianes, sur l'origan,
dans nos jardins, plusieurs espèces des genres *Noctua,
Agrotis, Polia, Hadena, Cleophana, Cucullia Dianthœcia,* etc. Beaucoup volent aussi, à cette heure, sur les
luzernes et les trèfles, principalement dans les prairies
qui descendent en coteaux dans le voisinage des bois.

Il y a encore un autre genre de chasse qui est fort
usité parmi les entomologistes du centre et du midi de
la France, parmi les Lyonnais surtout. Il consiste, au
moment de la floraison des bruyères, à étendre un
drap, pendant la nuit, au milieu des clairières dont
cette plante forme la végétation. Au centre et aux
quatre coins du drap sont disposés des lampions allumés. Attirés par cette lumière, beaucoup de Noctuélites
viennent voltiger à l'entour et on les prend facilement
avec le filet, ou même avec la pince. Cette manière est
excellente si l'on veut se procurer plusieurs espèces
rares des genres *Noctua, Agrotis, Luperina,* qu'on
chercherait en vain par d'autres moyens (1).

Un autre genre de chasse très-productif auquel il est
aisé de se livrer quand on réside à la campagne, est la
chasse *à la Miellée.* Cette chasse peut se faire toute
l'année, mais c'est surtout pendant les mois de septembre et octobre qu'elle produit les meilleurs résultats.
Elle consiste à délayer dans de l'eau, du miel, de la
mélasse ou autre matière sucrée, et à enduire de cette
préparation avec un pinceau, au coucher du soleil, une

(1) Les entomologistes du Midi appellent cette chasse, la chasse
à la lanterne.

surface plus ou moins grande sur le tronc des arbres dont on a fait choix d'avance. Quand la nuit est arrivée on vient inspecter avec une lanterne les arbres ainsi préparés, sur lesquels on trouve attablés, bon nombre de Noctuelles et Géomètres qui se laissent facilement piquer sur place et que l'on prend souvent aussi fraîches que si on les avait élevées. On peut renouveler plusieurs fois sa visite dans la même soirée.

Quand un endroit paraît propice pour faire une miellée, mais que les arbres manquent, comme sur les bords d'un marais, d'une prairie, d'un champ de bruyère, etc., on supplée au défaut d'arbres, en plantant des piquets qu'on enduit de la préparation miellée ou en tendant de fortes cordes qu'on a préalablement frottées de son appât.

Les raisins très-mûrs en espalier attirent également beaucoup de Noctuelles à l'arrière-saison. En visitant les treilles, le soir, à la lanterne, nous y avons fait souvent de nombreuses et excellentes captures.

Les Phalénites aiment en général les lieux ombragés ; pour se les procurer, il faut battre les branches d'arbres et les buissons.

Du reste un grand nombre de Noctuélites et de Phalénites sont diurnes par leurs habitudes, en ce sens qu'elles volent, comme les Rhopalocères, dans les clairières des bois, dans les prairies, etc. On pourra donc les prendre, comme ces derniers, à l'aide du filet ou de la pince.

Quant aux Pyralites, aux Tinéites, aux Crambites, leur nombre est si grand, leurs mœurs sont si variées, qu'un volume entier suffirait à peine à décrire leurs habitudes. Bornons-nous à dire qu'elles volent en général sur les fleurs, par exemple sur les genêts, les bruyères, etc., dans les allées et dans les clairières des bois, et que le moment le plus favorable pour les prendre est de 2 heures à 5 ou 6 heures de l'après-midi.

ÉPOQUES ET LOCALITÉS OU IL FAUT CHERCHER LES LÉPIDOPTÈRES A L'ÉTAT PARFAIT.

Disons d'abord, en général, qu'on trouve des Lépidoptères dans toutes les saisons, même en hiver; il est vrai d'ajouter que les mois de décembre et de janvier ne fournissent que quelques Phalénites du genre *Hibernia*, ainsi que la *Larentia brumata*. Le mois de février est un peu moins stérile; vers le commencement de ce mois, lorsque le temps est doux, on trouve sur le tronc des arbres, principalement sur le bord des allées des bois exposés au midi, l'*Hibernia pilosaria*, et dans les taillis, vers la fin du même mois, les *Hibernia leucophœaria* et *progemmaria*. A la même époque, on voit voler, parmi les Tinéites, plusieurs espèces de genres *Cheimonophila* et *Lemmatophila;* mais c'est seulement dès les premiers jours de mars que la nature se réveille entomologiquement parlant. Nous ne parlerons pas ici des Piérides et des Vanesses communes, ainsi que de la *Rhodocera rhamni*, qui commencent à voler dès les premiers jours de ce mois;

mais pour peu que l'on se promène, le filet à la main,
dans les allées ou dans les clairières peuplées de bouleaux, on est sûr de voir voler la *Brephos parthenias*. Si
l'on visite le tronc des arbres qui bordent les allées des
bois de Boulogne, de Vincennes, etc., on y trouvera les
Cymatophora flavicornis, *Xylocampha litorhiza*, *Lu-*
perina conspicillaris, *Nyssia hispidaria*, *Amphydasis*
prodromaria, et quelquefois aussi, mais très-rarement,
les *Xylina semibrunnea*, Haw, (*oculata*, Germ., *petrifi-*
cata, Dup.). Le commencement du même mois voit
éclore l'*Orthosia populeti*, qui se repose d'ordinaire sur
le tronc des peupliers. Vers le 20 mars, l'*Endromis*
versicolor vole avec une grande rapidité dans les allées
des bois où il y a des plantations de bouleaux. Nous
l'avons pris souvent, dans les bois de Clamart, au
carrefour de la petite Plaine, entre 9 et 11 heures du
matin, et plusieurs fois aussi dans les forêts de Bondy,
de Vincennes, etc. Si l'on frappe les taillis à l'aide du
maillet, on trouvera, dans tous les bois, les *Orthosia*
miniosa, *cruda (ambigua)*, *munda*, etc. Enfin une
charmante Phalénite éclot dans les derniers jours de ce
mois, la *Nyssia zonaria*. Elle habite les prés humides,
surtout ceux qui bordent la Seine du côté de l'est.
Nous la prenions autrefois en grand nombre, près
de Paris, à l'extrémité du pont d'Ivry, vers la bosse
de la Marne, dans l'immense prairie située entre Maisons et Alfort. Mais elle y devient de plus en plus rare,
à cause des nombreuses recherches des amateurs et
par suite de la mise en culture d'une partie de la localité. Il est même à craindre de la voir disparaître entiè-

rement ainsi que cela a eu lieu déjà pour plusieurs espèces qui étaient communes autrefois, aux environs de Paris et qu'on y chercherait vainement aujourd'hui. La *Zonaria* dont la femelle est aptère reste tout le jour immobile sur le gazon.

Vers le 20 mars, la *Brephos parthenias* est remplacée par sa congénère *B. notha*. Cette dernière habite surtout les grands bois, ceux de Ville-d'Avray, Fausse-Repose, des Gonards près de Versailles, les forêts de Bondy, de Saint-Germain, de Sénart, etc. Elle vole, depuis 8 heures et demie du matin jusqu'à midi, dans les allées des bois, et elle se repose sur la boue, comme la *parthenias*. Pendant le mois de mars, l'*Amphidasis hirtaria* peut se rencontrer sur le tronc des ormes qui bordent les routes et les promenades.

Dès les premiers jours du mois d'avril, lorsque la température est chaude, le Polyommate de la ronce *P. rubi* commence à voler dans les parcs et dans les parties verdoyantes des bois. Il se pose fréquemment sur les genêts; en frappant les rameaux du genêt à balai *Sportium scoparium* dans les lieux arides et sablonneux, on en fait partir la *Chesias obliquata*. Les allées et les clairières des bois sont animées par la présence de quelques espèces communes de Rhopalocères, tels que le *Polyommatus phlœas*, l'*Argynnis Dia*, le *Satyrus ægeria*, etc. Parmi les Hétérocères, la *Saturnia carpini* se montre dans les endroits buissonneux, dans les garennes, etc. Vers la mi-avril, l'*Anthocharis cardamines* mâle, commence à paraître; la femelle plus tardive, n'éclot guère avant les premiers jours de maî. C'est aussi l'époque où, dans certains lieux arides on voit voler la variété printanière de la *Pieris daplidice*, et quelquefois même, mais très-rarement, l'*Anthocharis belia*, dont la véritable patrie est le midi de la France.

Vers le 20 avril, et même quelquefois un peu plus tôt si le printemps a été précoce, l'*Aglia Tau* mâle, vole avec rapidité, de **9** heures à midi, même plus avant dans la journée, si, dès le matin, le ciel a été couvert. Les allées et les massifs des bois où dominent les *charmes*, sont les endroits où il convient de le chercher ; nous l'avons pris souvent dans les forêts de Compiègne, de Villers-Cotterets, de Chantilly, dans les bois d'Ermenonville, et, près de Paris, dans les bois situés entre Saint-Cyr et Versailles, surtout dans la forêt de Saint-Germain, dans le voisinage des Loges, et près des stations de l'Étoile de Conflans, et de Maison-Laffitte. La femelle, beaucoup plus rare, doit être recherchée, à terre, sur les feuilles sèches, ou contre le tronc des arbres.

Quant aux Bombycites et Noctuélites dont l'existence immobile s'attache au tronc des arbres, le mois d'avril en voit naître plusieurs espèces ; c'est ainsi que, du 10 au 20 de ce mois, la *Cymatophara ridens* se trouve appliquée contre les chênes, les bouleaux, etc. A cette époque, si l'on frappe le tronc des peupliers, des trembles, on en fera tomber les *Dicranura vinula* et *bifida* les *Pygœra curtula*, *reclusa* et *anachoreta*, les *Notodonta chaonia* et *trepida*, l'*Orgyia coryli*, les *Acronycta rumicis* et *auricoma*, le *Platypteryx falcula*, le *Ennomos lunaria*, *illustraria* et *illunaria*.

Dans le passage du mois d'avril au mois de mai, l'*Anarta myrtilli* que suit immédiatement sa congénère *arbuti,* volent, la première sur les bruyères, la seconde sur les trèfles, les bugles, qui croissent dans les lieux humides. Plusieurs Phalénites communes, telles que la *Fidonia atomaria,* la *Melanippe maculata,* la *Sthrenia clathrata,* paraissent en abondance dans les bois, les prairies, etc... Parmi les Rhopalocères, la *Leucophasia sinapis,* le *Syrichtus alveolus,* et sa charmante variété *Lavateræ,* à taches blanches confluentes, le *Thanaos tages,* le *Lycæna argiolus,* quelquefois même, les *Papilio machaon* et *podalirius,* la *Nemeobius lucina,* et même l'*Argynnis euphrosyne,* commencent à paraître dans les clairières et dans les allées des bois (1), parmi les Hétérocères, les *Euclidia mi* et *glyphica* volent dans les luzernes, surtout dans les prés qui avoisinent les bois; tandis que les *Smerinthus Populi Orthorinia palpina* et *Notodonta dictæa* dorment immobiles contre le tronc des peupliers.

Dès les premiers jours du mois de mai, les allées des bois se couvrent de verdure et s'émaillent de fleurs sur lesquelles les espèces de Rhopalocères dont nous parlions tout à l'heure, aiment à venir se reposer. C'est le véritable moment de faire la chasse au *Nemeobius lucina,* qui vole tantôt sur les fleurs des bugles, tantôt sur les jeunes feuilles de chêne. (Cette espèce est très-commune dans la forêt de Bondy). Les fleurs blanches de l'aubépine et celles du prunellier plaisent beaucoup

(1) Nous ne parlons ici que des années hâtives; généralement l'éclosion de ces espèces n'a lieu qu'au commencement de mai.

au *Papilio podalirius*, qui se trouve communément dans la forêt de Fontainebleau, au pré Larcher et sur les coteaux arides de Lardy et plus rarement à Bondy, l'Ille-Adam, Saint-Germain, etc., etc. Si l'on frappe les peupliers qui bordent le canal de l'Ourcq, dans la forêt de Bondy, on pourra en faire tomber *Gluphisia crenata*; dans les parties humides de la même forêt, dans celles des bois de Meudon, de Vincennes, etc., on trouvera, en battant les baliveaux, la *Thyatyra batis*; si l'on visite, à la même époque, les clairières marécageuses des bois du Désert, à une lieue au-dessus de Versailles, en allant à Bouvier, et celles qui avoisinent l'Étang-Vert dans les bois de Chaville, on y rencontrera la *Vanessa levana*. Cette espèce, dont le vol est assez rapide, aime particulièrement le bord des ruisseaux. Enfin, dans tous les bois où il y a des taillis de chênes et de bouleaux, on pourra se procurer les *Notodonta camelina*, *zigzag*, et *dictæoides*; et dans les allées ou les quinconces plantés en peupliers, les *Notodonta tritophus* et *torva*. En battant soit les chênes, soit les hêtres, on peut espérer de rencontrer le *Notodonta carmelita*, espèce très-rare dans les environs de Paris, et qui n'a encore été trouvée que dans la forêt de Bondy; dans les lieux peuplés d'érables, de platanes ou de sycomores, on abat quelquefois le *Notodonta cucullina*. Les meilleures localités pour cette espèce, plutôt propre à l'Allemagne, sont, aux environs de Paris, le bois de Vincennes, et quelques parties arides de la forêt de Saint-Germain.

Vers le 8 ou 10 du même mois, les deux sphinx

gazés *Macroglossa fuciformis* et *bombyliformis* butinent le nectar de la sauge des prés, de la bugle, etc., dans les allées et dans les clairières des bois humides ; particulièrement dans celle des forêts de Bondy, de Sénart, de Fontainebleau, d'Armainvilliers, dans les bois de Notre-Dame, etc. Dans les mêmes localités, on trouve en abondance l'Hespérie échiquier *Steropes paniscus.* Cette espèce se repose principalement sur la bugle.

C'est aussi le moment de prendre la charmante variété du *Syrichthus alveolus,* dont nous avons parlé. Nous avons rencontré souvent cette variété dans les bois de Chaville, près de l'Étang-Vert, dans la forêt d'Armainvilliers, dans celle de l'Ile-Adam, ainsi que dans la forêt de Bondy. A la même époque, éclosent aussi les *Melitea cinxia* et *artemis,* si communes dans les bois des environs de Paris. Ainsi que la *Melitœa Parthenie,* commune à Fontainebleau, nous l'avons prise aussi à Vernon.

Si l'on frappe les jeunes bouleaux dans les clairières des bois, on en fera sortir les *Platypterix humula* et *lacertula.* Dans les massifs, plusieurs Phalénites communes, parmi lesquelles nous citerons les *Ephyra punctaria* et *pendularia,* paraissent en abondance. La *Macaria notata,* la *Timandra amataria* ne tardent pas à leur succéder. Ces Phalénites sont diurnes, en ce sens qu'elles volent pendant le jour comme les Rhopalocères ; il n'est donc besoin que du filet pour les prendre. Il en est autrement, si l'on veut se procurer les *Cymatophora or, ocularis,* L., (*octogesima,* Hub.), l'*Acronycta ligustri* ; c'est à l'aide du maillet, en battant les troncs des peupliers, qu'on en fera tomber les deux premières, la dernière s'attache presque toujours au tronc des frênes, arbre qui nourrit sa chenille.

Du 15 au 20 mai, le *Bombyx rubi* mâle vole avec ardeur dans les clairières des bois secs ; l'*Ophiodes lunaris,* dont le vol est également diurne, vient presque toujours s'abattre dans les hautes herbes. Le bois de Boulogne, la forêt de Bondy, etc. sont d'excellentes localités pour prendre ces deux espèces. A cette époque, l'*Argynnis selene* vole en grande quantité dans tous les bois. Parmi les Noctuélites, c'est le moment de l'éclosion des *Luperina basilinea, rurea, pinastri*, de la *Cucullia umbratica*, qui s'appliquent, comme presque toutes les autres Noctuelles, contre le tronc des arbres forestiers , surtout de ceux qui bordent les routes, les avenues, etc., etc., et qui sont entourés d'épines. C'est sur ces troncs que se repose presque toujours la jolie *Cloantha perspicillaris*, ainsi que la *Pachetra leucophœa*, l'*Hadena W. Latinum* (*genistæ*), c'est aussi la véritable époque du *Notodonta bicolor*, qu'il faut chercher exclusivement dans les massifs humides plantés en bouleaux. Les forêts de Sénart, de Bondy, de Fontainebleau, de Compiègne, etc., offrent d'excellents endroits pour prendre cette belle espèce. On la fait tomber en frappant les baliveaux de moyenne grosseur, surtout ceux qui croissent dans un sol bien garni d'herbe, et offrent une végétation analogue à celle des forêts du nord de la France, véritable patrie de ce *Bombyx*.

Le *Notodonta dodonæa*, qui éclot d'ordinaire du 10 au 20 mai, se trouve au contraire uniquement dans les massifs des chènes. A part cette différence, la recherche de cette espèce doit être pratiquée comme celle du *Notodonta bicolor*.

L'*Erastria argentula* éclot dans le même temps et vole, pendant le jour, au milieu des hautes herbes. Elle est très-commune dans plusieurs endroits des forêts de Bondy, d'Armainvilliers, etc.

Vers le 20 de ce mois, le *Satyrus hero* commence à éclore ; son apparition est de peu de durée. Il est très-commun au bois de Notre-Dame, dans les clairières de la route impériale, près de la Queue-en-Brie ; on le trouve aussi, en grande abondance, dans toute la forêt d'Armainvilliers, surtout dans les allées humides qui aboutissent à la Pyramide, à une demi-lieue d'Ozouer-la-Ferrière : on le rencontre aussi quelquefois, mais plus rarement, dans la forêt de Bondy, aux environs du Raincy et de Montfermeil, ainsi que dans les clairières ombragées de Chaville, près de l'Étang-Vert. Nous l'avons même pris aussi dans les bois de Clamart.

C'est aussi vers cette époque que l'on peut prendre à Fontainebleau, une géomètre assez rare aux environs de Paris, la *Fidonia Concordaria*, elle est assez commune certaines années, vers la mare aux Evées dans les endroits plantés de genets.

Nous ne parlerons pas ici d'une foule d'espèces communes, telles que le *Satyrus arcanius, Hesperia sylvanus et linea*, les *Lycæna alexis, adonis, xanthe*, etc., etc.

Nous ne mentionnerons pas même les noms d'une quantité de Noctuélites et de Phalénites vulgaires dont l'énumération excéderait les proportions du cadre auquel nous nous sommes astreints. Il en est de ces espèces comme d'un certain nombre de Tortricides, Pyralites, Tinéites, etc. Ce sont des espèces dont il serait superflu de décrire l'habitat, puisqu'elles viennent d'elles-mêmes, pour ainsi dire, s'offrir par myriades aux coups du chasseur. Le *Syrichthus carthami*, plus rare, aime de préférence certains lieux arides de la forêt de Fontainebleau, des coteaux de Lardy et des clairières de la forêt de Saint-Germain, etc., tandis que le *Syrichthus sao* ne se plaît que dans quelques localités restreintes . telles que les bords du canal de l'Ourcq, près de Sévran, dans la forêt de Bondy, les clairières arides du Vésinet , et surtout les pentes abruptes de quelques coteaux plus éloignés de la capitale, par exemple, près de Mantes, de Lardy, etc.

Le *Bombyx* feuille-morte du bouleau *Lasiocampa betulifolia* paraît pendant tout le mois de mai. Pour se le procurer, il faut battre les baliveaux, dans les taillis clairs; comme la chenille vit aussi sur le peuplier, on peut trouver l'insecte parfait en frappant ceux de ces arbres qui forment des avenues, sur le bord des bois. Signalons encore deux charmantes Phalénites qui paraissent également dans le mois de mai; les *Larentia pectinaria Miaria* et (*Melanippe*) *hastata*. Ces deux espèces habitent presque exclusivement les bois; on les fera lever devant soi, en frappant les branches des arbres avec un bâton. Ce système de chasse, ainsi que nous l'avons déjà dit, est celui qui convient le mieux à la recherche des Phalénites.

Mais le moment le plus favorable à la recherche des Noctuélites est, sans contredit, le passage du mois de mai au mois de juin. Si la chasse au maillet devient féconde en résultats, c'est principalement dans l'intervalle qui sépare le 20 mai du 15 juin. Dans la première période de cette belle époque, les Lépidoptères nocturnes éclosent en foule; le *Harpya Milhauseri*, rare dans toute la France, se trouve dans les taillis de chêne exposés au midi, au bois de Boulogne, à Vincennes, dans les bois de Meudon, de Bondy, de Saint-Germain, etc. Il est suivi presque immédiatement par la belle *Catephia alchimista* qui se repose principalement sur le tronc des chênes et des ormes qui bordent les lisières. L'*Aplecta herbida* se repose contre le tronc des arbres dans les parties humides des bois; l'*Hadena atriplicis* (1), au contraire, aime de préférence le séjour des jardins, contre les murs desquels on la trouve souvent appliquée.

Les *Hadena thalassina* et *contigua* s'appliquent contre le tronc des arbres; il en est de même des *Dianthæcia cucubali, capsincola, carpophaga, compta, conspersa, albimacula,* etc.; mais si l'on veut se procurer un grand nombre d'individus de ces *Dianthæcia,* sans en élever les chenilles, il faut leur faire la chasse avec le filet au moment du crépuscule, soit dans les

_____

(1) Il y a quelques années, cette espèce était extrêmement commune sur les murs et contre le tronc des ormes, sur tous les boulevards de la capitale.

jardins, soit dans les bois où croissent les plantes de la famille des Cariophyllés (1).

N'oublions pas de mentionner ici plusieurs Lithosies, les *Lithosia aureola*, et *rubricollis*, dont le vol est diurne, et qu'on trouve dans tous les bois herbus des environs de Paris. Parlons aussi de l'*Erastria fuscula*, qui aime à se reposer contre le tronc des arbres isolés, dans les allées et les clairières des bois.

Le passage du mois de mai au mois de juin est aussi l'époque de l'éclosion du *Limenitis camilla*, qui reparaît à la fin de juillet. Cette belle espèce n'est pas rare dans les bois de Notre-Dame, près de la Queue-en-Brie, dans ceux du Désert, aux bords de la Bièvre, à une lieue de Versailles, ainsi que dans les bois de Sainte-Geneviève, à une demi-lieue de la station du chemin de fer d'Épinay. Nous l'avons prise plus souvent encore dans les rochers de Chamarante, ainsi qu'aux environs de la Tour de Poquency, près de Lardy, et dans plusieurs parties de la forêt de Fontainebleau.

La même époque voit éclore la *Chelonia Hebe*, quelquefois aussi, lorsque l'année a été précoce, sa congénère *civica*. Ces deux espèces, rares aux environs de Paris, se plaisent particulièrement dans les lieux arides.

C'est aussi le moment de chercher le *Smerinthus ocellata* contre le tronc des saules et des peupliers. Le

(1) Nous avons déjà parlé de ce genre de chasse dans le chapitre précédent.

Smerinthus Tiliæ **est** commun sur le tronc des ormes qui bordent les routes et les boulevards.

·1 Les Sésies éclosent pour la plupart du 15 mai au 15 juin. La *Sésia tipuliformis* est ordinairement la première qui paraisse ; elle vole dans les jardins des environs de Paris, autour des groseilliers dont la chenille se nourrit ; la *Sésia spheciformis* infiniment plus rare, vole dans les clairières marécageuses des bois plantés d'aulnes. L'*asiliformis* se repose contre les crevasses des peupliers ; il en est de même de l'*apiformis*, qui est beaucoup plus commune. La *mutillæformis* se plaît particulièrement dans les jardins, près des pommiers dont l'écorce sert de nourriture et de logement à la chenille. Elle butine souvent, en compagnie de la *Sesia tipuliformis*, sur les fleurs du seringat odorant (*Coronarius philadelphius*).

Un peu plus tardive que ses congénères, la *chrysidiformis* vole dans les lieux arides, et se repose sur les fleurs des ombellifères et des euphorbes. Nous l'avons prise, plusieurs années de suite, au milieu de la jetée du pont de Grenelle ; elle est répandue à peu près partout, mais commune nulle part.

Une seule Zygène, plus hâtive que toutes les autres, éclot dans les derniers jours du mois de mai. C'est la *Zygæna achilleæ*, espèce bien mal nommée, du reste, puisqu'elle vit exclusivement sur le *Lotus corniculatus*, la *Coronilla minima*, etc., et d'autres légumineuses, et non sur les ombellifères. Cette Zygène est commune près du Raincy, où elle présente quelquefois une variété fort remarquable chez laquelle le jaune a remplacé le rouge ; on la trouve aussi sur la pente des collines qui environnent Lardy. Dans cette dernière localité, surtout dans les environs d'Itteville et de la Tour de Poquency, on trouve en grande quantité le *Lycœna hylas*, quelquefois aussi le *Licœna arion*.

Dans les derniers jours de mai et dans le commenment de juin, la *Melitœa dictymna* vole daus les vallées et les clairières des bois marécageux. Elle est commune dans la forêt de Bondy, dans celle d'Armainvilliers, etc., etc. Sa congénère *athalia* est extrêmement répandue dans tous les bois, Les premiers jours du mois de juin sont signalés par l'apparition d'une magnifique espèce *Nymphalis populi* ; ce beau Lépidoptère est assez rare aux environs de Paris. On le trouvait jadis très-communément dans la forêt d'Armainvilliers, à un quart de lieue d'Ozouer-la-Ferrière, près de la Pyramide ; mais depuis la fameuse trombe du 18 juin 1839, qui brisa tous les gros trembles de la route, cette espèce est devenue aussi rare dans cette localité, qu'elle était commune auparavant. Les meilleures localités pour la prendre sont les bords du canal de l'Ourcq, entre le pont des Six-Routes et le pont de Rougemont, l'allée de Rougemont et la grande avenue qui fait face au pont des Six-Routes, sur le côté gauche du canal en venant de Paris, dans la forêt de Bondy, celle de Compiègne et l'allée des Mulets située à l'extrémité de la pièce d'eau des Suisses, près de la statue du cavalier Bernin, dans le parc de Versailles. Nous l'avons prise quelquefois aussi, mais plus rarement, dans diverses parties des bois de Meudon, et même au bois de Boulogne. Elle vole en planant comme toutes les Nymphales, depuis huit henres du matin jusqu'à onze heures, et elle reparaît quelquefois quand le temps a été très-chaud, vers les trois heures et demie de l'après-midi. Elle se repose presque toujours sur les matières excrémentielles, particulièrement sur la fiente des bestiaux. En même temps que la Nymphale grand sylvain, la *Thecla pruni*, se montre dans les clairières de la forêt de Bondy, où croissent les prunelliers. Les coupes fréquentes qu'on a faites dans cette forêt, jointes aux investigations nombreuses des jeunes amateurs, ont rendu cette espèce assez rare, de commune qu'elle était jadis. Les clairières situées entre la Poudrette et le pont des Six-Routes, du côté gauche du canal, en venant de Paris, sont encore les meilleures localités pour prendre ce Polyommate.

Indépendamment de la plupart des Noctuélites que nous avons signalées tout à l'heure, lorsque nous avons mentionné les espèces qui paraissent dans le passage du mois de mai au mois de juin, les dix premiers jours de ce dernier mois amènent l'éclosion d'une foule de Lépidoptères. Citons d'abord le *Deilephila porcellus* qu'on trouve de temps à autres dans les prairies ou les clairières humides des bois abondant en caille lait jaune (*Galium verum*). Si l'on passe aux Phalénites, cette époque est favorable à l'éclosion de plusieurs espèces, parmi lesquelles nous citerons la charmante *Melanthia procellata*, qu'on trouve de temps en temps dans les massifs sombres et marécageux de certains bois, dans la forêt de Bondy, dans les bas-fonds humides des bois de Meudon ; la *Siona dealbata*, dont la chenille vit sur la Bétoine officinale. L'insecte parfait n'habite, aux environs de Paris, que certaines localités, telles que les forêts de Sénart et de Compiègne, les bois de Notre-Dame, près de la Queue-en-Brie, et surtout les bois de Fleury et de Sainte-Geneviève, où nous l'avons prise par centaines.

La *Menalippe tristata* vole en assez grande quantité dans les grandes forêts de Compiègne et de Villers-Cotterets. La *Melanippe luctuata* n'est pas rare dans cette dernière localité.

Presque en même temps que la Nymphale grand sylvain et le Polyommate du prunier, on voit paraître le *Satyrus dejanira*. Cette espèce habite en général les grands bois, elle ne se plaît que dans les lieux ombragés. Elle est très-commune dans la forêt de Bondy, surtout dans le voisinage de Livry, dans celle de Saint-Germain, dans la forêt d'Armainvilliers, dans les bois de Sainte-Geneviève, etc. ; on la trouve quelquefois aussi dans les pans de Vincennes et de Boulogne.

Le Polyommate *Chryseis* commence à éclore dans les premiers jours de juin. Nous l'avons pris en grande abondance dans les clairières de la foret de Royaumont, près de Lamorlaye, à une lieue et demie de Chantilly. Il se trouve aussi mais plus rarement dans les parties bassès de la forêt du Lys, entre le village du Lys et celui de Lamorlaye ; nous l'avons pris également ment dans la forêt de Chantilly, principalement dans la belle route du Connétable ; on l'a rencontré aussi dans la forêt d'Hallate, entre Senlis et Pont-Sainte-Maxence. Mais c'est surtout dans la forêt de Compiègne, aux environs de Pierrefond, qu'il est très-commun certaines années. Il y vole en même temps que l'*Argynnis Ino*.

La *Melitea maturna*, que l'on a regardée longtemps comme exclusivement propre à l'Allemagne, se trouve quelquefois, mais rarement, dans les environs de Paris. On la prend dans la forêt de Montmorency, près des étangs de la Chasse, et dans la forêt de Bondy, dans les allées qui avoisinent le dépôt de la *Poudrette*. Nous avons pris plusieurs fois sa chenille sur le frêne, le troëne, le chèvrefeuille, etc.

Le commencement de juin est l'époque où éclosent la plupart des Phalénites appartenant au genre *Boarmia*. On trouvera la grande *Boarmia roboraria* appliquée contre le tronc des chênes ; la *repandaria* se repose aussi contre les arbres, ainsi que l'*extersaria*. Cette dernière était commune contre le tronc des pins qui bordaient les allées du bois de Boulogne, entre la Muette et la Pyramide. On trouvera dans les mêmes localités les *Cidaria picata* et *simulata*.

Si l'on frappe les chênes dans les massifs des bois exposés au mid, on en fera omber la *Diphtera Orion*, espèce rare aux environs de Paris. La *Xylophosia rurea* et la variété *alopecurus* (*combusta*) s'attachent contre le tronc des arbres isolés, de ceux principalement qui bordent les allées des bois. L'*Acronycta leporina*, les *Aplecta tincta, advena, nebulosa*, la *Luperina albicolon*, aiment aussi à s'appliquer contre le tronc des arbres.

Les *Hepialus hectus* et *lupulinus* se posent à l'extrémité des longues herbes, dans les allées et clairières des bois marécageux.

Vers le 10 du mois de juin, l'*Ophiusa pastinum* vole dans les bois ombragés où la *Vicia cracca* est abondante. La *Metrocampa margaritata*, l'*Hemithea buplevraria*, la *Phorodesma bajularia* et plusieurs autres Phalénites éclosent dans les clairières des forêts ; la *Cabera strigillaria* est commune dans les endroits où abonde le genêt à balai. Les *Xylophasia polyodon* et *lithoxilea* aiment à se reposer contre les arbres dont le tronc est entouré d'épines. On y trouve aussi, mais beaucoup plus rarement, leur congénère *sublustris (musicalis)*, que quelques auteurs rapportent à *lithoxylea* comme variété, tandis que d'autres on font une espèce distincte.

Du 10 au 15 juin, lorsque le temps est chaud, les *Satyrus hyperanthus* et *Janira* volent par nuées, le premier dans les bois, le second dans les prairies.

Plus tardif, l'*Arge galatea* n'éclot guère avant le 20 juin. C'est l'époque où la plupart des grandes espèces de Rhopalocères commencent à paraître.

La *Limenitis sibylla* vole dans les clairières des bois ombragés ; elle est très-commune à Meudon, Bondy, Saint-Germain, etc., etc. Il en est de même de l'*Argynnis paphia*, des deux Argynnis *Adippe* et *Aglaïa*, vulgairement désignées sous le nom de Grands nacrés. La première de ces deux Argynnes fréquente de préférence les grands bois. Elle est très-commune dans les forêts de Saint-Germain, de Sénart, de Fontainebleau, de Chantilly, etc. Elle aime à se reposer sur les fleurs de ronces, sur celle des chardons, de la centaurée chaussetrape. C'est aussi vers le 20 juin, quelquefois même plutôt si l'année a été précoce, que les *Apatura iris, ilia* et *var. clytie* commencent à paraître. Nous les avons pris souvent dans la forêt de Bondy, sur les bords du canal de l'Ourcq, entre le pont des Six-Routes et le pont de Rougemont, dans l'allée des Mulets à Versailles, et aux environs de l'étang de Villebon, dans le bois de Meudon. L'*Apatura Ilia* est beaucoup plus répandu ; jadis on le trouvait très-communément dans les prés de la Glacière, près de Paris ; mais ces prairies ayant été encloses de murs et la plupart des saules et des peupliers ayant été abattus, il est inutile d'aller le chercher dans cette localité. On le trouve dans les parties humides de presque tous les bois où il y a des plantations de saules et de peupliers, mais il se plaît particulièrement sur les bords du canal de l'Ourcq, dans la forêt de Bondy, aux environs du pont des Six Routes. Il se repose, comme le Grand Sylvain et comme le Grand Mars, sur les matières excrémentielles. L'*Apatura ilia var. clytie* se trouve dans les mêmes endroits que ce type.

La *Procris Globularix* vole dans la dernière quinzaine de juin ; elle se plaît principalement dans les grands bois un peu humides ; elle est rare dans les environs de Paris, mais on la trouve communément dans la forêt de Compiègne. Sa congénère, la Procris Statices est beaucoup plus commune et vole dans les clairières de tous les bois ; elle aime à se reposer sur la scabieuse des champs (*Scabiosa arvensis*).

La *Zygæna loniceræ*, fort improprement nommée du reste, puisque ni la chenille, ni l'insecte parfait ne se trouvent sur cette plante, éclot dans la dernière quinzaine du mois de juin. Elle habite aux environs de Paris des localités assez restreintes, telles que les bords du canal de l'Ourcq et l'allée de Rougemont, dans la forêt de Bondy, certaines allées de la forêt de Sénart, près le carrefour Montesquieu et le carrefour des Deux-Châteaux. Nous l'avons prise aussi quelquefois dans les environs de l'Étang-Vert, près de Châville. Elle se repose souvent sur la centaurée chausse-trape. Celle de la filipendule est extrêmement commune dans tous les bois des environs de la capitale. Quant à sa congénère *trifolii*, la seule localité où nous l'ayons encore trouvée est la forêt de Compiègne, dans les parties humides. Elle paraît au commencement de juin.

La *Thecla lyncœus* se pose sur la ronce, le serpolet; la bruyère, etc. Elle est extrêmement abondante dans tous les bois ; la *Thecla W. album* qui éclot quelques jours auparavant, aime en général à se reposer sur le marrube, dans les routes plantées d'ormes.

Vers la Saint-Jean, le *Steropes aracinthus* commence à éclore. Elle est commune dans les clairières ombragées de la forêt de Chantilly, principalement près des étangs de la Reine-Blanche, dans la forêt de Sénart, surtout dans le voisinage de la Faisanderie.

L'*Argynnis phœbe* se trouve dans les mêmes forêts. Elle est commune au mont de Po, sur la hauteur qui domine la vallée de Lamorlaye, où nous l'avons souvent prise en compagnie des *Lycœna arion* et *œgon*, du *Syrichthus alveus*, elle n'est pas non plus très-rare à fin de mai dans quelques localités de Fontainebleau, surtout le long du chemin de fer au pré Larcher. Plus près de Paris, nous l'avons également trouvée dans les bois de Versailles, mais elle n'y est pas commune.

La *Lycœna alsus*, qui paraît pour la première fois au mois de mai, reparaît pour la seconde en juillet. Assez rare aux environs de Paris, cette espèce est excessivement commune sur le versant des coteaux arides qui environnent Lardy. Elle n'est pas rare non plus dans certaines parties des forêts de Chantilly, de Fontainebleau et de Compiègne.

Le *Thecla acaciœ* vole dans les derniers jours de juin. La seule localité où on l'ait encore trouvé, en deçà de la Loire, est la forêt d'Orléans, où nous en avons pris plusieurs individus. Il vole autour des buissons de prunelliers.

Dans les derniers jours du mois de juin, le *Syrichthus altheœ* commence à paraître. Cette espèce, plus particulière aux pays de montagnes, est rare aux environs de Paris. Nous la prenons tous les ans dans la forêt de Sénart, principalement dans la route de Maupertuis, aux terres de Tigery. Elle se trouve dans le bois de Sainte-Geneviève, à Lardy et même quelquefois dans la forêt de Bondy.

La *Callimorpha dominula* aime les lieux humides. On la trouve communément dans les prairies marécageuses situées aux environs de la papeterie d'Essonne Elle n'est pas rare non plus dans les bois du Désert, à une lieue de Versailles. On la trouve également près de

Sévran, et en général dans les lieux aquatiques et un peu boisés, tels que les bas-fonds de Meudon, de Châville, etc.

L'*Emydia grammica* vole dès la fin de juin dans les clairières arides des bois. Elle n'était pas rare au bois de Boulogne, ni dans les parties incultes de la Varenne Saint-Maur. On la trouve aussi communément à Lardy et dans les parties arides de la forêt de Saint-Germain.

La *Lithosta Irrorea* affectionne les mêmes localités.

La *Lithosia ancilla* aime en général les lieux plantés de bruyères.

La *Lithosia helveola*, beaucoup plus rare, ne se plaît que dans les parties marécageuses des bois. Nous l'avons prise quelquefois dans les clairières humides qui avoisinent l'Étang-Vert, près de Châville.

Lorsqu'on frappera le tronc des arbres pendant une matinée sombre et froide, ou le matin de 4 à 7 heures, lorsque la journée doit être chaude et sereine, on en fera tomber plusieurs espèces intéressantes d'Hétérocères. Ainsi, dans les massifs où les ronces et les framboisiers croissent en abondance, on en fera tomber la Noctuelle *batis* qui paraît pour la seconde fois dans le passage du mois de juillet; nous l'avons prise plusieurs fois, avec sa congénère *derasa*, sur le tronc des châtaigniers, dans les taillis sombres qui avoisinent le Haras, près du carrefour de la Garenne, entre Clamart et Meudon. La *Cymatophora duplaris* L., (*bipuncta*, Rkh.), s'attache contre le tronc des mêmes arbres dans les mêmes localités. Sa congénère *fluctuosa*, qui a les même smœurs, est beaucoup plus rare. Nous y avons trouvé abondamment la *Cleoceris viminalis,* dont la chenille vit sur le Saule marceau (*Salix capræa),* et quelquefois aussi, mais beaucoup plus rarement, l'*Orthosia congener* (var. de *suspecta).*

Le *Liparis v. nigrum* éclot à la même époque dans les bois un peu humides. Le mâle vole quelquefois en plein jour ; mais c'est principalement en battant le tronc des tilleuls qu'on peut se le procurer.

Le *Liparis salicis* est excessivement commun sur le tronc des saules et des peupliers.

L'*Hydrilla caliginosa* vole pendant le jour à l'approche du chasseur sur les longues graminées ; elle n'est pas rare dans les clairières ombragées de la forêt de Sénart, ainsi que dans les bois de Fleury et de Sainte-Geneviève.

Les *Leucania comma* et *lythargiria* volent en plein jour, la première dans le voisinage des mares ou des étangs et en général dans les endroits dont le sol est tourbeux, la seconde dans les clairières des bois secs.

La *Boormia lichenaria* s'attache contre le tronc des arbres revêtus de lichens. La *Melanthia albicillata* vole dans les clairières humides dont la ronce et le framboisier forment la végétation. Elle n'est pas rare dans le voisinage des Haras, près de Meudon, ni dans celui de l'Étang-Vert, près de Châville. La *Tephrosia crepuscularia* s'attache contre le tronc des arbres, dans les mêmes localités. Les *Cidaria elutata* et *impluviata* partent à l'approche du chasseur, lorsque celui-ci pénètre dans les bois fourrés. L'*Hemithea thymiaria* (*æstivaria*) aime les clairières un peu découvertes, tandis que les *Cidaria russata, immanata, prunata (ribesiaria), undulata* et *vetulata* ne se plaisent guère que dans les parties humides et ombragées des bois.

Si le passage du mois de juin au moins de juillet est à la fois le moment le plus favorable pour prendre les grandes espèces de Rhopalocères, ainsi que la plupart des Phalénites, c'est aussi l'époque de l'éclosion d'une foule de Microlépidoptères, Pyralites, Crambites, Tinéites, etc., dont l'énumération fatiguerait notre plume moins vite encore que l'attention du chasseur. Bornons-nous donc à lui signaler cette époque comme étant celle où son filet ne doit, pour ainsi dire, jamais se reposer.

Le passage du mois de juin au mois de juillet est encore marqué par l'éclosion de deux Polyommates. L'un est la *Thecla quercus* dont la femelle, plus tardive que le mâle, n'éclot guère que dans le courant de juillet. Cette espèce est commune dans les clairières des bois arides et montueux. L'autre est la *Lycœna Alcon*. Cette espèce est très-peu répandue dans les environs de Paris. On la trouve quelquefois dans les clairières de la forêt de Saint-Germain, entre Maison-Laffite et l'Étoile de Conflans.

La *Procris pruni* est commune dans les clairières de la même forêt où abondent les prunelliers, autour desquels elle aime à voltiger. On la prend quelquefois aussi au bois de Boulogne.

La *Melitœa parthenie* éclot dans les premiers jours de juillet, pour la seconde fois quelquefois même dès le 2J juin, si l'année est précoce. Elle est très-commune à l'extrémité de la route du Connétable, près le clos de la Table, dans la forêt de Chantilly, sur les hauteurs du Mont-de-Pô, entre Chantilly et Lamorlaye, ainsi que dans quelques parties de la forêt de Fontainebleau.

A la même époque, une charmante Phalène, l'*Epione vespertaria*, L., (*parallelaria*, Dup.), commence à paraître dans les clairières de la forêt de Sénart, notamment dans la route d'Étioles à la Faisanderie, dans celle de la Porte aux lièvres, et près du chêne d'Antin. Il faut frapper avec une canne les jeunes pousses de tremble pour la faire partir.

L'*Acidalia auroraria* est commune dans les bois ombragés ; l'*Aspilates vibicaria* vole au contraire dans les clairières arides ; elle se trouve abondamment au bois de Boulogne, ainsi que dans beaucoup d'autres localités.

La *Zygæna Minos* éclot du 4 au 10 juillet ; elle est commune dans plusieurs parties de la forêt de Fontainebleau, particulièrement dans la route ronde, près de la Belle-Croix et près de la croix du Grand-Maître. On la trouve encore plus fréquemment sur le versant des collines qui dominent Lardy, surtout aux environs de la tour de Poquency, près d'Itteville, etc., etc. Elle se repose souvent, comme toutes ses congénères, sur les scabieuses, les centaurées, etc., etc.

Les *Lithosia quadra, complana, complanula, mesomella* et *Rosea*, sont communes dans les clairières des bois ; souvent les trois premières s'attachent contre le tronc des arbres qui bordent les routes.

A la même époque on fera bien de frapper le tronc des arbres dans les forêts montueuses et ombragées, pour en faire tomber la *Luperina scolopacina*, cette espèce est rare à Paris ; on la trouve quelquefois dans les bois de Meudon, principalement près du Haras.

C'est aussi le moment de l'éclosion du *Harpya fagi*. On le trouve principalement dans les grandes forêts ; il faut battre les taillis sombres pour se le procurer. Nous l'avons pris plusieurs fois dans la forêt de Saint-Germain et à Fontainebleau.

La *Geometra papilionaria* se plaît dans les mêmes localités ; elle vole quelquefois vers le soir, aux approches du chasseur. Il en est de même de l'*Angerona prunaria*. La forêt de Bondy est une excellente localité pour les trois espèces que nous venons de signaler.

Vers le 8 ou le 10 juillet, quelquefois même plus tôt selon que l'année a été plus ou moins précoce, le *Satyrus semele* vole dans les bois arides. Il est extrêmement commun à Lardy, à Fontainebleau, à Sénart, etc., ainsi que dans la forêt du Vésinet. Nous l'avons même observé quelquefois sur les boulevards extérieurs, particulièrement aux environs du parc de Monceau.

La forêt de Fontainebleau et les coteaux de Lardy sont, aux environs de Paris, le domaine exclusif du *Satyrus hermione*, très-commun dans tout le midi et dans certaines parties du centre et de l'est de la France. Il aime à se reposer contre le tronc des chênes, des bouleaux, etc. Il s'abat même sur la poussière des routes et vole souvent en compagnie du *S. semele*.

Le *Satyrus Phœdra* est très-commun à la même

époque dans les clairières de la forêt d'Orléans. Il se prend aussi quelquefois à Fontainebleau, plateau du mont Chauvet.

Nous ne devons point parler ici des Satyres *mœra* et *megœra*, qui éclosent pour la première fois au mois de mai et qui reparaissent ensuite en juillet et août. Ce sont des espèces trop communes pour qu'il soit nécessaire d'en faire mention. A la même époque l'*Heperia Actœon* que l'on a crue si longtemps étrangère aux environs de Paris, vole assez fréquemment sur les collines incultes de Lardy.

Du 10 au 15 juillet, la *Zygœna onobrychis* commence à paraître. Cette charmante espèce était jadis très-commune dans les environs de Sèvres et sur les hauts talus qui dominent la berge du canal de l'Ourcq, près du pont de Sévran; mais on l'y chercherait inutilement aujourd'hui. En revanche, elle est très-répandue sur les coteaux arides qui dominent Lardy (notamment dans la partie gauche du chemin de fer en venant de Paris), près d'Itteville et dans les environs de la ferme de Poquency.

A la même époque et dans les mêmes localités, on trouve en très-grande quantité la *Zygœna hippocrepidis*, la *Zygœna peucedani* est extrêmement commune dans le bois de Vincennes, près de la porte de Charenton.

Un peu plus tardive que ses congénères, la *Zygœna fausta* paraît ordinairement du 15 au 20 juillet. Elle est excessivement commune sur la côte des Mauduyts, près de Mantes, à un quart de lieue de la station du chemin de fer. Elle n'est pas rare non plus sur le versant des coteaux arides qui dominent Lardy des deux côtés du chemin de fer. Nous l'avons souvent prise en compagnie de la *Minos*, de l'*hippocrepidis*, de l'*onobrychis* et de la *peucedani*, sur les mamelons arides situés entre Bouret et Itteville, près de la ferme de Poquency, etc., etc

La *Sesia cynipiformis* éclot à la même époque; nous l'avons prise quelquefois à Vincennes, ainsi que la *tenthrédiniformis*. Cette dernière se repose de préférence sur le tithymale à feuilles de cyprès (*Euphorbia cyparissias*).

Parmi les Hétérocerès, la jolie *Anarta myrtilli* éclot également du 15 au 20 juillet. Elle est très-commune dans les bruyères de la partie haute du bois de Meudon, en face de l'étang de Villebon, ainsi que dans celles de la partie du bois de Clamart, située au-dessus du carrefour de la Garenne. Elle n'est pas rare non plus dans la forêt de Fontainebleau.

L'*Emydia cribrum* se trouve aussi, mais beaucoup plus rarement, dans les mêmes localités.

On fera bien d'examiner l'intérieur des barrières qui bordent les allées des bois réservés pour la chasse. Souvent les jointures de ces barrières servent de retraite à certains Nocturnes, tels que l'*Amphipyra pyramidea*, et *tragopogonis*, etc.

Du 20 au 25 juillet, la *Lycœna Amyntas* éclot dans les parties arides des bois. Il est commun aux environs de Melun, de Montargis, etc. Nous l'avons pris quelquefois, mais très-rarement, dans les bruyères du bois de Meudon.

Le *Lycæna argus* se rencontre dans quelques parties de la forêt de Fontainebleau, principalement dans les environs du mont Saint-Germain et dans les allées voisines. Il se trouve aussi quelquefois, mais rarement, dans le bois de Vincennes, en compagnie du *Lycæna ægon*, qui est très-commun sur la terrasse, entre Charenton et Saint-Maur.

La fin de juillet voit reparaître le *Papilio podalirius*, la *Nymphalis camilla*, la *Lycæna hylas*, la *Pieris daplidice*, le *Syrichthus sao* et plusieurs autres espèces qui éclosent pour la première fois au printemps.

La Vanesse Carte géographique brune *Vanessa prorsa* éclot à la fin de juillet, dans les mêmes localités que nous avons indiquées pour sa congénère *Levana*, qui n'en est qu'une variété printanière.

C'est aussi le moment de l'apparition de la *Lycæna corydon*. La femelle de ce Polyommate, ordinairement noirâtre, passe souvent au bleu-cendré. Cette dernière variété est commune dans les garennes situées au-dessus de Lymay, près de Saint-Sauveur, à trois kilomètres de Mantes, sur toutes les collines qui dominent Lardy, et dans les clairières de la forêt de Fontainebleau.

C'est encore dans les derniers jours de juillet qu'il convient de chercher la *Bryophila algæ*, les *Cosmia diffinis* et *affinis*, contre le tronc des arbres qui bordent les routes, et principalement sur le corps des ormes.

La *Callimorpha hera* éclot pendant la canicule. Elle était jadis très-commune au bois de Boulogne. On ne la rencontre maintenant que de loin en loin dans les environs de Paris, principalement dans les bois du Déseri, près de Versailles ; à Lardy ; à Fontainebleau et dans la forêt de Saint-Germain.

L'*Heliothis dipsacea*, les *Acontia solaris, albicollis* et *luctuosa*, l'*Erastria sulphuralis*, volent à la même époque dans les lieux arides, principalement dans les champs de luzerne situés près des bois.

Le *Cossus ligniperda* paraît depuis le 25 juin jusqu'au 10 août ; mais c'est vers la fin de juillet qu'il éclot le plus communément. On le trouve souvent posé contre le tronc des ormes qui bordent les routes.

Nous avons fait exprès de passer sous silence les espèces vulgaires, telles que les Vanesses communes, le *Satyrus tithonus*, la *Plusia gamma*, etc., et plusieurs Phalénites, que l'amateur le plus novice est sûr de rencontrer partout où il adressera ses pas.

Pour en finir avec les espèces qui paraissent au mois de juillet, bornons-nous à signaler la belle *Vanessa antiopa*. Cette espèce assez rare aux environs de Paris, est plus commune dans certaines parties de la forêt de Fontainebleau. Comme la chenille vit principalement sur le bouleau, c'est dans les lieux plantés de ces arbres qu'il convient de chercher le papillon, mais on la rencontre aussi sur les saules et peupliers.

Vers les premiers jours d'août, le *Lycœna acis* vole dans les prés humides ; il est très-commun dans les prairies qui avoisinent le lavoir d'Aulnay, dans celles d'Arcueil, de Gentilly, etc.

Le *Thecla betulœ* vole principalement dans les jardins et sur les lisières des bois. Nous l'avons pris plusieurs fois à l'entrée de la forêt de Sénart, près de Soisy-sous-Étiole. Il n'est pas rare dans les jardins fruitiers de la capitale.

Si l'on visite à cette époque les parapets des quais, des ponts, etc., on y trouvera les *Bryophila perla* et *glandifera*, ainsi que la variété *Par*, qui a été regardée à tort, pendant bien longtemps, comme une espèce distincte, propre au midi de la France. Les deux Bryophiles dont nous venons de parler, sont très-communes sur les parapets qui bordent les quais, entre le pont des Invalides et le pont de Grenelle.

Si l'on frappe les arbres dans les taillis de chênes et de bouleaux, on retrouvera les *Notonda dictæoides, dromedarius*, les *Platypterix falcula, lacertula*, les *Acronycta leporina* et *auricoma* et plusieurs autres Noctuélites du printemps.

La *Cerigo cytherea* éclot dès le commencement d'août. Elle n'est pas rare dans les bois secs et sablonnenx ; elle aime à se reposer contre les arbres entourés d'épines qui bordent les routes. On la trouve aussi volant en plein jour, sur les chardons et dans les luzernes. Nous l'avons prise assez souvent dans les bois de Boulogne et de Vincennes.

Le *Satyrus fauna* éclot entre le 5 et le 10 août. Il est très-commun dans les allées de la forêt de Sénart ; on le trouve aussi dans la forêt de Fontainebleau, dans celle du Vésinet, dans les parties hautes de Clamart. Nous l'avons même pris autrefois au bois de Boulogne.

Le *Satyrus briseis* est un peu plus tardif. Il se

montre vers le 10 août. Il est commun sur les hauteurs de Lardy, principalement dans la partie droite du chemin de fer en venant de Paris. Nous l'avons pris aussi sur la côte de Mauduyte, près de Mantes, dans les environs de Ponthierry et dans le parc de Gurcy (Seine-et-Marne).

Le *Satyrus arethusa* paraît d'ordinaire dans la première quinzaine d'août ; sa femelle est un peu tardive. Il est très-commun dans les clairières arides situées en face de la tour du pâté de Lardy, à quelques minutes de distance de la station du chemin de fer. On le trouve aussi très-abondamment dans plusieurs parties de la forêt de Fontainebleau, notamment dans la plaine des pins, sur la route de Bouron ; nous l'avons pris également au Mont-de-Pô, dans la forêt de Chantilly. Il se trouve aussi, mais rarement, dans les forêts de Sénart et du Vésinet. Il était jadis très-commun à la varenne Saint-Maur, mais depuis les défrichements il semble avoir entièrement disparu de cette localité.

L'*Hesperia comma* paraît à la même époque et se trouve en général dans les mêmes localités que le *Satyrus arethusa*.

Le *Syrichthus cirsii* est beaucoup plus rare. Nous l'avons pris plusieurs fois à Lardy, dans la localité que nous venons d'indiquer pour le *Satyrus arethusa*. Le *S. cirsii* se trouve aussi dans plusieurs parties de la forêt de Fontainebleau, aux environs du rocher Saint-Germain, vente aux Moines, etc. Cette espèce est souvent confondue avec ses congénères et appelée tantôt *fritillum, onopordi, alveus*, etc.

C'est dans la première quinzaine d'août qu'il convient de chercher les *Eubolia bipunctaria* et *mœniaria*, la *Larentia aquata*, la *Fidonia plumaria*, etc. La première vole dans tous les lieux arides, la seconde aime le voisinage des rochers. Nous l'avons prise dans la forêt de Fontainebleau, sur les hauteurs de Lardy, sur la côte de Mauduyts, près de Mantes, et dans les parties arides de la forêt de Chantilly. L'*Aquata* n'est pas rare dans la forêt de Fontainebleau, dans les localités indiquées ci-dessus pour le *S. cirsii*. Elle recherche le voisinage des genévriers dont se nourrit sa chenille. La *plumaria* est quelquefois abondante dans les bruyères situées à mi-côte des mamelons arides qui couronnent la plaine des pins. L'*Amphypyra Cinnamomea* a été prise quelquefois à Fontainebleau, c'est dans les trous des gros arbres et sous les écorces que l'on pourra rencontrer cette rare espèce, elle vit cachée pendant le jour en compagnie de sa congénère *Pyramidea*.

La *Sthanelia hippocastanata* vole abondamment dans les bruyères à Fontainebleau, à Meudon, etc.

L'*Agrotis valligera* était commune autrefois, depuis le 5 jusqu'au 20 août, dans la varenne de Saint-Maur. Elle en a disparu par la même cause que le *Satyrus arethusa*. On la trouve très-rarement dans les luzernes qui avoisinent certains bois arides.

Les *Aspilates gilvaria* et *citraria* sont communes dans les lieux secs et stériles. Nous les avons prises plusieurs fois dans la forêt de Fontainebleau, dans celle du Vésinet, sur la côte de Mauduyts, etc., etc.

La *Catocala fraxini* paraît depuis le 10 août jusque dans les premiers jours de septembre. Elle est commune à Fontainebleau ; nous en avons trouvé presque aux portes de cette ville, sur la route de Paris, un grand nombre d'individus. Elle s'applique contre le tronc des arbres, principalement contre celui des trembles et des peupliers. On la rencontre aussi sur le tronc des peupliers qui environnent la pièce d'eau des Suisses à Versailles et sur celui des arbres qui bordent la berge du canal de l'Ourcq dans la forêt de Bondy.

Avant de passer au mois de septembre, nous dévons parler de quelques espèces de Lépidoptères qui paraissent pendant tout le mois d'août. Ce sont les *Colias hyale* et *edusa*. La première est extrêmement commune dans tous les champs de luzerne qui environnent la capitale ; la seconde est plus rare et aime en général les prairies élevées.

Le mois d'août voit éclore un grand nombre d'espèces communes du genre *Agrotis*. Telles sont les *Agrotis tritici, aquilina, segetum, nigricans, fumosa, obelisca*, etc. Ces espèces sont abondantes dans les champs de luzerne qui avoisinent les bois. C'est principalement l'heure du crépuscule qu'elles choisissent pour voler.

Enfin, si l'on frappe les bouleaux dans les grandes forêts pendant le mois d'août, on en fera tomber quelquefois, mais rarement, la *Cosmia fulvago*.

Si l'on visite le pied des ormes qui bordent les routes, les boulevards, on y trouvera de temps en temps la *Luperina testacea*, et quelquefois aussi, mais beaucoup plus rarement, la *Luperina Dumerilii*.

Vers les premiers jours du mois de septembre, le *Lycœna bœtica* commence à paraître (1). Il est commun dans les parcs où l'on cultive le baguenaudier (*Colutea arborea*), particulièrement aux environs de Fontainebleau et de Rambouillet. Nous l'avons pris quelquefois voltigeant autour des baguenaudiers de l'École botanique, au Jardin des plantes.

Si l'on frappe les peupliers et surtout les trembles, on en fera tomber la *Xanthia cerago*. Cette espèce n'est pas rare dans la forêt de Bondy.

La *Xanthia citrago* vit exclusivement sur le tilleul. Il convient de battre le tronc de ces arbres si l'on veut se procurer cet insecte.

L'*Hyporina croceago* habite de préférence les taillis de chênes et de bouleaux. Les *Xanthia rufina* et *ferruginea* ont à peu près les mêmes mœurs.

Les *Ennomos alniaria* et *lunaria* se trouvent principalement sur le tronc des arbres qui bordent les routes.

La *Cidaria testata*, Lin., (*achatinata*), Hub., aime les endroits marécageux ; on la trouve dans les parties humides des bois, à Meudon, Bondy, etc. Nous l'avons prise quelquefois dans les oseraies, le long du canal Saint-Martin, près de Saint-Denis; mais elle n'est commune nulle part.

Vers le 20 septembre, la *Xanthia gilvago* et ses variétés commencent à éclore. On les trouvait en

(1) Il y a des années où ce Polyommate commence à paraître dès les derniers jours de juillet.

grande abondance au bas des murs qui formaient l'enceinte de Paris, sur les boulevards extérieurs, surtout entre la barrière du Trône et le cimetière du père Lachaise, mais elles sont devenues plus rares dans ces localités.

A la même époque, si l'on frappe le tronc des pins dans le bois de Boulogne, principalement dans les environs du Rond royal, on en fera partir la *Cidaria simulata*, qui éclot pour la première fois à la fin de mai, pour reparaître ensuite plus abondamment en septembre.

Dans le passage du mois de septembre au mois d'octobre, la *Leucania L. album* et la *Cerastis satellitia* éclosent; on les trouve pour la plupart du temps appliquées contre le tronc des ormes qui bordent les boulevards, les routes, etc.

La *Hadena atriplicis* reparaît à la même époque dans les mêmes localités que nous avons indiquées à l'article du mois de mai.

C'est aussi le moment de l'éclosion d'une belle espèce du genre *Gortyna*, sous le nom de *Gortyna Borelii*. Cette espèce, qui ne diffère de la *lunata* de Constantinople que par une taille plus petite et une couleur moins foncée, paraît être fort rare dans nos environs. Elle n'a été jusqu'à présent trouvée que par feu Borel, à qui elle fut dédiée, dans les parties humides des bois de Fleury et de Sainte-Geneviève. Cette espèce, qu'il serait fort intéressant de retrouver, car son histoire est encore fort peu connue, devra être recherchée avec soin.

Vers les premiers jours d'octobre, l'*Agriopis aprilina* commence à paraître. On la trouve souvent sur le tronc des gros chênes exposés au midi. Nous l'avons prise fréquemment dans les bois de Clamart et dans les forêts de Saint-Germain et de Bondy. On la fait tomber également en battant les taillis.

L'*Hadena protea* s'applique contre le tronc des mêmes arbres. Nous l'avons prise souvent au bois de Boulogne appliquée contre le tronc des jeunes ormes qui bordent les allées.

La *Xanthia silago* éclot à la même éqoque et se trouve dans les mêmes localités que les deux espèces que nous venons de signaler. On fera bien de la chercher dans le voisinage des saules marceaux, arbre dont les chatons servent de nourriture à la chenille de cette *Xanthia*.

L'*Orthosia pistacina* se tient particulièrement au bas des arbres qui bordent les routes. Nous l'avons prise souvent sur la route de la Révolte, entre la porte Maillot et Saint-Ouen.

Les *Cerastis vaccinii*, *polita*, *erythrocephala*, et sa variété *glabra*, habitent de préférence l'intérieur des massifs. On les trouve assez souvent posées sur les feuilles sèches, au moment où elles viennent d'éclore.

La *Xylina rhizolitha* est commune dans les taillis de chênes; *Xylina semibrunnea (oculata)* est beaucoup plus rare et se trouve dans les mêmes endroits.

L'*Himeria pennaria* est commune dans l'intérieur des massifs, on la trouve aussi le long des arbres qui bordent les routes.

Les *Cidaria psittacata* et *miata* (*coraciara*) éclosent vers le 10 octobre. On les trouve de temps en temps dans les bois verts ; nous les avons prises quelquefois sur le tronc des pins qui bordent certaines allées du bois de Boulogne.

Dans les premiers jours du mois d'octobre une charmante Phalénite, la *Collix sparsata*, vole en abondance sur le genêt à balai, dans les bois sablonneux. Nous la prenions en grande quantité au bois de Boulogne, dans les environs du Rond Mortemart, dans les clairières à droite de l'allée Molière, **entre la porte** d'Auteuil et la porte des Princes.

Dans les derniers jours d'octobre, la *Larentia dilutaria* se montre en grande abondance dans tous les taillis de chênes. L'*Autumnaria* n'est pas rare à Fontainebleau, elle habite presque exclusivement le tronc des bouleaux.

A cette époque, si le temps est beau, il faut chercher le *Bombyx dumeti*. Cette espèce, aussi rare que belle, est très-difficile à prendre. Le mâle vole en plein jour depuis 10 heures jusqu'à 1 heure avec une telle rapidité qu'il est presque impossible de le saisir. Le bois de Boulogne était, aux environs de Paris, la localité où l'on avait le plus de chance de le rencontrer. Mais il habite aussi presque tous les bois des environs de Paris ; la femelle reste cachée pendant le jour dans les herbes et les broussailles.

Les *Polia chi* et *flavicincta* éclosent à la fin d'octobre et dans le commencement de novembre. On les trouve souvent sur le tronc des arbres qui bordent les routes.

L'*Asteroscopus cassinia* était commun, il y a quelques années, au commencement de novembre, sur le tronc des ormes de nos boulevards ; mais depuis que ces arbres ont été remblayés, cette espèce et beaucoup d'autres Noctuélites semblent avoir presque entièrement disparu de cette localité.

Les *Hibernia aurantiaria* et *defoliaria* éclosent dans les dix premiers jours du mois de novembre. Elles sont communes dans les taillis de tous les bois des environs de Paris.

L'*Hibernia aceraria*, plus tardive, éclot un peu plus tard et dure jusqu'à la fin de novembre, en même temps que les *Hibernia bajaria* et *rupicapraria* et la *Cheimatobia boreata*.

MANIÈRE DE PRÉPARER & DE CONSERVER LES PAPILLONS & DE LES RANGER EN COLLECTION.

Les amateurs de Lépidoptères sont dans l'usage d'étaler les papillons qu'ils ont pris dans leurs chasses, ou ceux qu'ils ont reçus de leurs correspondants, afin de donner à ces insectes le port et l'attitude qu'ils devront conserver dans les boîtes de collections ; mais ici, trois circonstances différentes peuvent se présenter : 1° ou les papillons pris à la chasse auront, quoique ne donnant plus aucun signe de vie, conservé néanmoins assez de souplesse pour qu'on puisse les manier comme s'ils étaient vivants ; dans ce cas on pourra procéder de suite à la préparation ; 2° ou ces insectes seront déjà desséchés; alors, il sera nécessaire de les faire ramollir pour leur rendre le degré de flexibilité qu'ils auront perdu; 3° ou ils seront encore vivants, et alors il faudra s'empresser de les faire mourir, de crainte qu'ils n'abîment leurs ailes par les efforts qu'ils feraient pour se dégager des *étaloirs*.

Pour faire ramollir les papillons, on les pique sur du grès mouillé, au fond d'un vase qui ferme hermétiquement. Observons seulement qu'il est des espèces de Lépidoptères chez lesquelles les nervures des ailes sont si épaisses, que le ramollissement ne peut avoir lieu parfois qu'au bout de ving-quatre et même de trente-six heures.

Il y a plusieurs moyens de faire mourir les Lépidoptères, le premier consiste à leur enfoncer longitudinalement, en dessous de la tête, une aiguille ou une épingle, après l'avoir préalablement trempée dans une solution de savon arsenical ou de tabac à fumer délayé dans de l'esprit de vin.

Ce moyen réussit parfaitement pour faire mourir la plupart des Lépidoptères; mais il est insuffisant pour les Sphinx et les Bombycites, et en général pour les grosses espèces qui ont la vie dure. Il faut donc, dans ce cas, recourir à une autre méthode, qui consiste à leur enfoncer, toujours en dessous de la tête, et dans le sens longitudinal, mais seulement à une profondeur de 3 à 4 lignes au plus, une épingle longue de 22 à 24 lignes (1); cela fait, on tiendra le papillon par le

(1) Nous recommandons l'usage des longues épingles, parce que si l'on se servait d'épingles plus courtes, le papillon risquerait, en

dessous du corselet, entre le pouce et les deux premiers doigts de la main, de manière à ce qu'il ne puisse faire le moindre mouvement ; après on fera rougir au feu d'une chandelle toute la partie supérieure de la longue épingle dont nous venons de parler. La chaleur ne tardera pas à se communiquer à la partie inférieure de l'épingle, et le papillon, en moins d'une ou deux minutes, sera asphyxié (1).

Ces deux moyens peuvent suffire dans la plupart des cas, cependant tous deux ont de graves inconvénients ; le premier, c'est qu'on est obligé de presser le papillon entre ses doigts, soit pour le tirer avec l'aiguille à tabac, soit pour le brûler, et il est rare qu'on réussisse bien sans lui enlever les poils de la poitrine et souvent plusieurs pattes. Le second résulte de ce que l'épingle qui a servi à la brûler, s'attache après le corps et qu'en la retirant on enlève presque toujours les poils du thorax. Nous préférons donc nous servir du cyanure de Potassium dont nous avons déjà parlé, page 142 Seulement, pour le cas actuel nous nous servons d'un vase en verre ou en faïence, à bords droits, d'un diamètre de 12 centimètres au moins, de manière à pouvoir y faire tenir les plus grandes espèces ; un pot à confiture est excellent pour cet usage. On y ajuste un bouchon de liége fermant

se débattant, de se brûler les antennes au contact immédiat de la chandelle.

(1) Il est inutile d'ajouter que dans ce second cas, comme dans le premier, une fois que l'insecte sera mort, l'épingle qui aura servi à le faire mourir devra être immédiatement retirée de son corps.

bien hermétiquement, car il faut éviter de respirer les émanations du cyanure. En rentrant de la chasse, on pique les papillons que l'on veut tuer, sur la partie intérieure du bouchon et on le remet sur le vase, les papillons s'agitent très-peu et ne tardent pas à s'engourdir, car il faut un temps plus long pour les tuer complétement. Lorsqu'ils ont séjourné trop longtemps dans le vase il acquèrent une raideur qui ne permet pas de les étaler facilement, il faut alors les mettre dans le ramollissoir et ils ne tardent pas à reprendre leur souplesse.

Lorsqu'il éclot dans les vases d'éducation, soit un bombyx, soit un sphinx ou une noctuelle, etc., on les fait tomber dans le vase sans les toucher, on bouche de suite, ils ne font pour ainsi dire aucun mouvement et on peut les piquer une minute après sans craindre de les endommager ; s'ils ne sont pas complétement morts, ce qui arrive souvent, on les pique alors sur le bouchon comme il a été dit ci-dessus.

Voici maintenant la manière dont on doit étaler les papillons : « On se servira d'abord de planchettes en « bois tendre, au milieu desquelles on fera creuser « une rainure profonde au moins de huit lignes, mais « large en proportion de la grosseur du corps des « individus qu'on veut développer et garnie dans le « fond d'une petite bande de liége ou d'agavé. Ces « planches devront former un peu le talus de chaque « côté de la rainure, et leur surface devra être bien « égale, dans toute la longueur de l'étaloir. On enfon- « cera, dans le milieu de la rainure, et perpendiculai-

« rement à celle-ci, l'épingle qui traverse le corselet
« du papillon ; puis on attachera, par son extrémité
« antérieure, à l'aide d'aiguilles à tête de cire ou
« d'émail, une bande de papier, de façon qu'elle n'em-
« pêche pas l'aile supérieure de monter aussi haut
« qu'il est nécessaire ; on fait mouvoir cette aile en la
« prenant légèrement au - dessous de la principale
« nervure avec la pointe d'une aiguille emmanchée
« d'un petit bâton ; et pour que cette aile ne se dé-
« range pas, on appuie la bande dessus avec l'index
« de la main gauche ; on place ensuite l'aile inférieure
« et on la retient en position, en pesant de la même
« manière sur l'extrémité postérieure de la bande que
« l'on arrête avec une seconde épingle. On fait la
« même chose pour les deux ailes du côté opposé (1). »

On devra laisser les papillons sur les étaloirs tout le
temps qui sera nécessaire pour que les ailes puissent
sécher. Il faut au moins trois semaines pour opérer la
dessication complète des Sphinx, des gros Bombyx, etc. ;
quinze jours suffisent en général pour les autres Lépidoptères. Les individus qu'on aura fait ramollir séche-
ront beaucoup plus vite que ceux qui auront été étalés
sur le vif. On pourra les retirer de l'étaloir au bout
d'une semaine.

Les corps de beaucoup de papillons, et particulièrement ceux des Bombycites et de certaines Noctuélites
tournent au gras. Le meilleur remède en pareille cir-
constance, est d'enduire, à l'aide d'un léger pinceau

(1) Nous avons emprunté à Godart cette description aussi
exacte que concise.   1

toutes les parties grasses, avec de l'*essence de citron* (1), de l'*essence de térébenthine* rectifiée, ou mieux bien encore avec de la *benzine*, après quoi toutes les parties imbibées ainsi seront recouvertes de terre de Sommières; vingt-quatre ou quarante-huit heures après, on frottera, à l'aide d'un pinceau sec, le papillon que cette opération aura fait revenir à son état naturel. Nous ajouterons cependant qu'il y a des espèces tellement sujettes à la graisse, que l'on est obligé, au bout de quelques mois, de les dégraisser de nouveau.

Chez les espèces qui ont un gros abdomen, comme les *Sphinx*, les *Bombyx*, les *Écailles*, etc., il arrive que les corps sont sujets à se briser, surtout lorsqu'on déplace les boîtes ou qu'on expédie au loin les papillons. Pour obvier à cet inconvénient, nous indiquerons le moyen suivant, que nous avons mis en pratique avec succès depuis longtemps, et que nous recommandons à tous les jeunes amateurs, afin qu'il se généralise : au moyen d'une aiguille très-longue et très-fine, on introduit sous la tête, un fil qu'on fait ressortir par l'extrémité de l'abdomen, puis on coupe ce fil aux deux bouts, près de la tête et à l'extrémité du corps. Ce fil qui traverse ainsi le papillon dans toute sa longueur, ne se voit pas ; le papillon le conservera dans son intérieur, en se desséchant, et, par ce moyen bien simple, le corps quelque pesant qu'il soit, se trouvera désormais tellement soudé au corselet, qu'aucun choc ne pourra plus l'en détacher.

(1) *L'éther sulfurique* peut également servir à cet usage, mais il opère plus lentement.

» Avant d'introduire le fil dont il est question, dans l'intérieur du papillon, nous avons soin ordinairement de le tremper dans une préparation arsenicale ou dans une décoction de tabac, ce qui présente, outre l'avantage de tuer promptement le papillon, celui de le préserver, pendant quelque temps du moins, des attaques des insectes destructeurs, que l'odeur de la préparation arsenicale ou de la décoction de tabac éloignera aussi longtemps qu'elle subsistera.

Si les antennes, le corps ou les ailes d'un papillon viennent à se couvrir de moisissure, on enlèvera celle-ci au moyen d'un pinceau qu'on aura trempé dans l'alcool ou esprit de vin rectifié ou ce qui est préférable avec de l'éther dans lequel on aura fait dissoudre de l'acide phénique bien blanc, (1 gr. pour 15 gr. d'éther).

Dans le cas où les antennes, les pattes ou le corps d'un papillon viendraient à se briser, on les recollerait avec une dissolution de gomme-laque dans l'alcool rectifié.

Pour prévenir les ravages que la teigne, les larves des dermestes, et celles des anthrènes occasionnent dans les collections, il faudra avoir soin : 1° de placer le meuble qui renfermera les tiroirs ou les boîtes dans un appartement sec, et, s'il est possible, exposé au nord (1); 2° d'ouvrir, pendant une ou deux minutes, toutes les

----

(1) On comprendra facilement l'utilité de cette double recommandation ; car si l'*humidité* engendre la moisissure dans les collections, la chaleur du soleil ne leur est pas moins nuisible, en favorisant le développent des anthrènes, des teignes et autres agents destructeurs.

boîtes de sa collection, au moins une fois tous les mois, et si cela est possible, tous les quinze jours ; 3° de frapper doucement et dans divers sens, les parois latérales des boîtes, afin de rassembler, dans un de leurs angles, les molécules de poussière qui tendent toujours à se dégager du corps des papillons, on ôtera ensuite cette poussière à l'aide d'un pinceau.

Nous insisterons sur ce qu'on mette rigoureusement en pratique les *moyens préservatifs* que nous venons d'indiquer ; et nous ne cesserons de recommander à nos lecteurs de ne jamais perdre de vue cet aphorisme entomologique, à savoir : que la propr'eté est l'hygiène des collections. Quant aux moyens curatifs, on n'en a longtemps connu qu'un seul : c'est de plonger les boîtes qui renferment des insectes attaqués, dans une sorte d'étuve en cuivre, appelée *necrentôme*, dans laquelle on produit, à l'aide de la vapeur, une chaleur de plus de cent degrés ; mais cet appareil, qui détruit en effet tous les corps vivants, dénature en même temps les ailes des papillons, soit en les fripant, soit en les faisant fléchir ; quelquefois même il altère les couleurs de certaines espèces ; nous pouvons donc assurer hardiment, d'après notre propre expérience, qu'il en est de ce remède héroïque comme de tant d'autres du même genre qui, pour un ou deux malades qu'ils guérissent par hasard, tuent, en revanche, une infinité de gens qui se portent bien. Il est de beaucoup préférable de mettre pendant quelques jours les insectes attaqués dans le vase à Cyanure employé pour tuer les papillons et dont nous avons parlé, page 187

On détruit ainsi les insectes destructeurs sans endommager les lépidoptères qui les recèlent.

Les papillons étalés et préparés sont rangés en collection dans des boîtes dont le fond est garni de liége recouvert de papier blanc ; le dessus du couvercle devra être vitré pour éviter d'ouvrir la boîte, car l'air que l'on aspire ou que l'on comprime en ouvrant et fermant la boîte ébranle les ailes et finit même par les détacher complétement ; il est nécessaire de représenter chaque espèce par un mâle et une femelle montrant le dessus, et une seconde paire laissant voir le dessous dans les espèces ou il est utile de voir les deux côtés, comme les *Polyommates*, les *Melitæa*, etc. Les étiquettes sont faites en carte mince afin de les piquer avec une épingle n° 6 ou 7, et pouvoir les placer à peu près à la même hauteur que les papillons ; les étiquettes fixées au fond des boîtes, ont le grave inconvénient d'être souvent dans l'ombre du papillon et par suite difficiles à lire ; celles portant le nom de genre devront être plus grandes et écrites en plus gros caractères que celles indiquant le nom d'espèce ; il sera bien aussi de fixer à chaque épingle la localité et l'année par exemple, $\frac{\text{Meudon,}}{\text{10-6-67,}}$ pour signifier pris à Meudon, le 10 juin 1867. Ce sont de précieux renseignements, lorsqu'on désire rechercher une espèce que l'on a déjà prise.

MICROLÉPIDOPTÈRES

Pour chasser les Micros à l'état de Papillon, on se sert, comme pour les Macrolépidoptères, d'un *filet* de gaze légère ou de tulle à mailles très-serrées.

MANIÈRE DE PRENDRE ET PRÉPARER LES MICROLÉPIDOPTÈRES (1).

« Le procédé suivant est celui qui nous a le mieux
« réussi pour prendre les infiniment petits Lépidop-
« tères : Il faut se munir d'un flacon, ayant 8 ou 9 cen-
« timètres de hauteur, et l'ouverture assez large, au
« moins 3 centimètres. Ce flacon doit contenir un mor-
« ceau de *Cyanure de potassium* recouvert de ouate,
« et par dessus celle-ci un papier satiné dont les bords
« sont collés au verre, le tout occupant le quart ou le
« tiers inférieur du flacon. Il est essentiel d'avoir un
« bon bouchon, pour que l'air ne décompose pas le

(1) Le chapitre sur les Microlépidoptères a été rédigé par M. Stainton, de Londres ; mais cette note additionnelle, qui prend naturellement sa place ici, est de M. Fologne, de Bruxelles.

« cyanure et produise de l'humidité. On fait entrer
« les papillons dans ce flacon, soit du filet dans
« lequel on les a pris, ou directement, des plantes
« ou feuilles sur lesquelles on les trouve posés, et on
« les y laisse jusqu'au moment où on les voit tomber
« au fond. Il faut alors les en retirer de suite, et les
« mettre chacun séparément dans autant de petites
« boîtes à pilules, dans le couvercle desquelles on a
« fait d'avance quelques petits trous avec une aiguille.
« Comme ils ne sont qu'engourdis, ils reviennent à eux
« et sont rapportés ainsi bien conservés. Si on les lais-
« sait trop longtemps exposés à l'action du cyanure,
« ils se roidiraient et ne pourraient plus être bien éta-
« lés. Le cyanure de potassium est un poison violent
« dont on ne doit faire usage qu'avec précaution.

« De retour chez soi, on dépose les boîtes dans un
« endroit frais, et le jour même ou le lendemain, si on
« veut étaler ses petites captures, on les remet un ins-
« tant dans le flacon au cyanure (opération qui est très-
« facile, si les boîtes ont le même diamètre que le gou-
« lot du flacon), pour pouvoir les piquer.

« Les épingles à employer doivent naturellement
« être très-fines et avoir deux pointes : l'une qui sert
« à piquer le papillon quand il est renversé sur le dos,
« ce qui évite l'inconvénient de traverser le corps avec
« la plus grande partie de l'épingle ; l'autre, destinée
« à le piquer dans les boîtes. On pique entre la pre-
« mière paire de pattes, et l'on fait passer l'épingle au
« travers du corselet, qu'il faut avoir grand soin de
« conserver intact, en l'appuyant sur un papier glacé,

« que l'on perce en même temps, afin que l'épingle
« dépasse de 5 millimètres environ.

« Les étaloirs pour les Microlépidoptères doivent
« être composés de deux bandes de verre d'égale épais-
« seur, revêtues inférieurement de papier blanc, collées
« aux deux bouts sur des morceaux de bois, et lais-
« sant entre elles un intervalle proportionné à l'épais-
« seur du corps de l'insecte ; sous cet intervalle on colle
« de la moelle de sureau, dans laquelle passera
« l'extrémité supérieure de l'épingle.

« Les papillons se placent le dessus des ailes posé
« sur l'étaloir. Celles-ci sont mises en place avec une
« fine épingle, légèrement courbée, et sont maintenues
« ensuite par de petits morceaux de verre plus longs
« que larges, dont on pose l'un des bouts sur les ailes
« dans le sens de leur longueur. Il est bon, avant de
« mettre les insectes sur l'étaloir, de déployer un peu
« leurs ailes en soufflant légèrement dessous.

« Les nervures étant saillantes sous les ailes, offrent
« prise à l'épingle sans que celle-ci perce leur tissu, et
« l'on peut poser le verre sans crainte d'enlever les
« écailles de leur face supérieure ; les plus petites
« espèces connues peuvent être parfaitement étalées en
« suivant cette méthode (1) ; qui est aussi plus expé-
« ditive que celle qui consiste à maintenir les ailes avec
« des bandelettes de papier. »

FOLOGNE.

------

(1) Je possède des échantillons reçus de M. Fologne qui confir-
ment pleinement cette assertion. (L'ÉDITEUR.)

CHENILLES ET CHRYSALIDES.

Les boîtes pour recueillir les chenilles doivent être de fer-blanc, mais sans trous, parce que ces petites chenilles n'ont pas besoin d'air, et les plantes conservent mieux leur fraîcheur lorsque les boîtes en fer-blanc sont bien fermées.

Pour trouver les chenilles des Micros, il faut chercher sur les végétaux les *indications* de leur présence, car rarement elles sont à découvert ; ces chenilles minent quelquefois dans l'épaisseur des feuilles, ou bien creusent des galeries en-dedans des tiges, d'autres contournent les feuilles, ou même en lient plusieurs ensemble, Mais presque chaque chenille a sa méthode particulière, de sorte que l'œil exercé d'un entomologiste qui s'occupe des Microlépidoptères, reconnaît de suite que telle feuille a été mangée par telle chenille, et il nous dira non-seulement le genre, mais l'espèce à laquelle la chenille appartient. Il est vrai, qu'il y a quelques chenilles qui se trouvent plus à découvert, mais la plupart vivent toujours très-cachées, mais cachées de telle manière que lorsqu'une fois on connait leur retraite, on les trouve même plus facilement que si elles vivaient tout-à-fait à découvert.

On peut s'occuper dès le commencement de l'année de la récolte des chenilles ou plutôt des chrysalides qui se trouvent dans les feuilles sèches. En cherchant par terre, dans les bois, on trouve des feuilles de chêne qui sont pliées ou contournées d'une manière particulière, c'est qu'elles ont été minées par les chenilles du genre

Lithocolletis. Ces chenilles .minent de grandes aires dans l'intérieur des feuilles, mais de telle façon que celles-ci se courbent toujours ou en haut, ou en bas, selon le côté où travaille la chenille. Celles de ce genre se métamorphosent toujours en dedans de la mine et peuvent ainsi être recueillies très-facilement à l'état de chrysalide. Parmi la foule d'espèces qu'on peut recueillir dans l'hiver, nous nous contenterons de citer les *Lithocolletis cramerella*, *quercifoliella*, *heegeriella*, *parisiella*, *lautella* qui se trouvent dans les feuilles de chêne, *L. faginella*, qui se trouve dans les feuilles de hêtre, *L. carpinicolella* et *tenella*, qui se trouvent dans les feuilles de charme, *L. ulmifoliella* et *cavella* dans les feuilles de bouleau, *L. schreberella* et *tristrigella* dans celles de l'orme, *L. sylvella* dans celles de l'érable, *L. lantanella* dans les feuilles du *Viburnum lantana*, etc., etc. — En même temps qu'on cherche ces espèces parmi les feuilles sèches, si on jette les yeux sur les feuilles de ronce, on peut remarquer de grandes plaques blanchâtres sur leur face supérieure, et que ces feuilles ne sont pas courbées, mais restent encore plates ; ces plaques renferment les chenilles de la *Tischeria marginea*, qui mangent pendant l'hiver pour devenir chrysalides en avril et papillon en mai. Sur les mêmes feuilles de ronce, on peut observer des petites galeries entortillées, creusées par une très-petite chenille ; ce sont celles de la *Nepticula aurella*. Les galeries que la chenille a quittées sont plus faciles à voir que celles où elle demeure encore, c'est pourquoi il faut chercher bien soigneusement celles qui ne sont que très-peu décolorées et d'un vert jaunâtre, tandis que les galeries vides deviennent d'un blanc qui est très-apparent.

Si, quittant maintenant les bois nous nous transportons dans les endroits marécageux, ou au bord des ruisseaux, nous trouverons attachés aux graines de joncs, de petits fourreaux blanchâtres, ce sont ceux d'une chenille qui se nourrit desdites graines de jonc, elle appartient au genre *Coleophora*, dont les chenilles construisent toujours des fourreaux portatifs ou de soie, ou de morceaux de feuilles ; celle-ci est la *Coleophora cæspititiella* ; on la trouve depuis septembre jusqu'en mai, la vie de cette chenille étant assez longue ; elle se métamorphose en chrysalide vers la mi-mai, et en juin ou en juillet, le papillon éclot et vole en foule parmi les joncs.

Au mois de février on doit chercher les chenilles de la *Dasycera sulphurella* qui se trouvent ou dans le bois pourri, ou se cachant sous l'écorce des arbres ; la présence de leurs excréments les fait facilement découvrir. Dans les bolets, on peut trouver les chenilles de plusieurs espèces du genre *Tinea*.

Au mois de mars on doit examiner soigneusement les feuilles des graminées qui croissent dans les bois, ou parmi les haies, afin d'y trouver les chenilles mineuses du genre *Elachista* ; toutes les chenilles de ce genre minent ou dans les feuilles des graminées, des cypéracées, ou des *Luzula* et se trouvent surtout dans les mois de mars, d'avril et de mai ; les feuilles minées nous montrent une longue tache blanchâtre ou brunâtre, et quelquefois elles sont un peu courbées. Pour trouver ces feuilles minées des graminées, il faut de la patience, et même se coucher par terre, afin d'avoir les yeux plus près des feuilles qu'on regarde. Vers la fin de mars, on doit regarder attentivement les jeunes pousses des plantes, c'est ainsi qu'on trouvera les feuilles terminales d'une *Stellaria holostea* liées ensemble, et en ôtant les feuilles extérieures on fera sortir une chenille assez vive, celle de la *Gelechia tricolorella*; en même temps les pousses terminales de la *Stellaria uliginosa* sont entortillées d'une manière très-bizarre par les chenilles de la *Gelechia fraternella*. Il nous reste sans doute encore beaucoup de chenilles à découvrir, qui se cachent dans les pousses des plantes.

Au commencement d'avril, il y a beaucoup de chenilles de *Coleophora* qui se mettent à manger; les chenilles de ce genre, comme nous l'avons déjà dit, construisent des fourreaux portatifs; elles attachent ces fourreaux aux feuilles des plantes, où elles pratiquent un trou, ordinairement à la face inférieure, et se mettent alors à manger le parenchyme comme les vraies chenilles mineuses; cependant le fourreau reste toujours attaché à la feuille, et la chenille s'y retire souvent, et lorsqu'elle veut passer d'une feuille à une autre, elle se promène avec son fourreau, comme un limaçon avec sa coquille. Les endroits minés par ces chenilles deviennent toujours blancs ou blanchâtres, ou d'un brunâtre sale, de sorte qu'avec un peu d'attention, ils sont assez faciles à trouver, parce qu'au milieu d'une feuille verte, une grande plaque blanchâtre ou brunâtre se laisse facilement apercevoir. On remarque quelquefois des taches brunâtres sur les feuilles de la *Ballota nigra*; en dessous de ces feuilles on trouve alors les fourreaux de la *Coleophora lineolea* ou de l'*ochripennella*; les taches blanchâtres sur les rosiers sont causées par la chenille de la *C. gryphipennella*, tandis que les taches d'un blanc pur sur les feuilles de la *Stellaria holestea* sont dues à la chenille de la *Coleophora solitariella*.

Au mois d'avril, on peut remarquer que les feuilles terminales du groseillier se flétrissent. Ceci est causé par la chenille de l'*Incurvaria capitella* qui mange la moelle des jeunes tiges du groseillier (*Ribes rubrum*). On remarque la même chose quelquefois, aux pousses terminales de l'*Evonymus Europæus*, mais là, le dévasteur est la chenille de l'*Hyponomeuta plumbellus*, et plus tard cette chenille quitte la tige pour se nourrir à découvert des feuilles de l'*Evonymus*.

Si on observe le *Spartium scoparium* vers la même époque, on verra probablement quelques rameaux réunis sur une certaine longueur; à l'endroit où ils se touchent, on trouvera une chenille brune, qui est celle de la *Depressaria assimilella*. Vers la fin du même mois, on trouvera une chenille brunâtre à l'intérieur des fleurs du genêt à balais, celle de la *Gelechia mulinella*.

Au mois de mai le nombre des chenilles devient beaucoup plus grand; celle de l'*Ochsenheimeria birdella* s'enfonce dans les tiges des Graminées, celle de la *Lampronia lubiella* fait de grands dégâts aux framboisiers, en attaquant les tiges des jeunes pousses, tandis que la chenille de l'*Hyponomeuta padellus* se trouve à foison partout dans les haies d'aubépine, dont quelquefois elle dévore presque toutes les feuilles. Plusieurs des chenilles actives, fusiformes, du genre *Cerostoma* se trouvent sur les chênes, les hêtres et sur le chèvrefeuille. Sur cette dernière plante on trouve aussi la *Gelechia mouffetella*, cette jolie chenille presque noire, avec une strie blanche de chaque côté, se cache entre les feuilles, d'où on ne peut la faire sortir qu'en les séparant. Dans les feuilles des graminées qui sont roulées en tube et blanchies, se trouve la jolie chenille de la *Gelechia rufescens*, chenille que Fischer von Roslerstamm a figurée à tort pour celle de la *Gelechia tenella*. Les chenilles courtes et épaisses du genre *Argyresthia* se trouvent au commencement de mai, dans les pousses et les bourgeons de plusieurs arbres et arbrisseaux ; ainsi on trouve l'*Ephippella* sur le cerisier, la *Nitidella* sur l'aubépine, et l'*Albistria* et la *Mendica* sur le prunellier, etc., etc.

Sur les feuilles de la centaurée, on peut remarquer les taches brunâtres causées par les chenilles des *Coleophora alcyonipennella* et *conspicuella*, et sur le *Lotus*, les taches blanches que fait celle de la *Coleophora discordella*, et sur l'*Astragalus* les taches également blanches causées par la chenille de la *Serenella*, pendant que les feuilles de l'*Eupatorium cannabinum* sont tachées par la *Col. troglodytella*, et les feuilles de la Vipérine (*Echium vulgare*) par les chenilles de la *C. onosmella*. Dans les endroits où croît le *Teucrium Cha-*

mœdrys, on doit chercher la *Coleophora chamœdryella* qui fait de grandes taches brunâtres sur la feuille de cette plante. Toutes ces chenilles des *Coleophora* dont nous venons de parler sont faciles à trouver, puisqu'elles font de grandes taches sur les feuilles, en mangeant une portion du parenchyme, et en regardant en dessous on en trouve les fourreaux ; mais il y a quelques espèces de ce genre qui mangent toute l'épaisseur des feuilles, c'est alors les fourreaux qu'il faut chercher, parce qu'ils sont la seule indication de la chenille ; c'est ainsi que sur le prunellier, on trouvera le fourreau noir en forme de pistolet de l'*Anatipennella*, sur le chêne, celui de la *Currucipennella*, sur le saule, le fourreau aux oreilles de la *Palliatella*, et sur la *Vicia cracca*, celui aux plus grandes oreilles de la *Lugduniella*. Le temps et l'espace nous font défaut pour énumérer toutes les chenilles qui se trouvent en mai, mais nous devons appeler l'attention du microlépidoptériste sur celle du *Chauliodus illigerellus*, qui lie ensemble les feuilles de l'*Œgopodium podagraria* dans les bois humides, et sur celle de la *Chrysoclista Schrankella*, qui, aux bords des ruisseaux, mine de grandes taches brunâtres dans les feuilles de l'*Epilobium alsinifolium*.

En juin, on trouve beaucoup des mêmes espèces qu'en mai, mais en outre plusieurs chenilles de *Depressaria ;* celles-ci sont excessivement vives, et lorsqu'on les fait sortir de leurs retraites, elles sautillent à merveille ; il suffit pour vérifier cette observation d'ouvrir une des feuilles pliées de l'*Anthriscus sylves-*

tris, la chenille verte qui s'y trouve est celle de la *Depressaria applana*; la chenille noire de la *Dep. liturella* se trouve dans les feuilles pliées de la *Centaurea nigra*, et celle de l'*atomella* sur le *Spartium scoparium* et le *Genista tinctoria*; les chenilles de ce genre qui se trouvent sur l'*Hypericum, hypericella*; sur les saules, *conterminella*; et sur l'angélique *angelicella* n'ont pas autant de vivacité que celle de l'*applana*. Plusieurs espèces de *Gelechia* se trouvent en juin, dans les pousses terminales des plantes : par exemple sur les saules on trouve la *Gelechia temerella*, sur la *Genista tinctoria*, la *lentiginosella*, sur l'*Helianthemum vulgare*, la *sequax*; d'autres se trouvent dans les feuilles roulées, comme par exemple la *populella* dans celle du peuplier, tandis que quelques-unes minent les feuilles comme les chenilles de l'*Hermannella* et de la *næviferella* qui se trouvent en dedans de la patte d'oie et de l'*Atriplex*. Sur ces plantes on trouve aussi quelquefois en juin les chenilles de la *Butalis chenopodiella*, les espèces de ce genre portent presque toujours *plusieurs* stries foncées longitudinales sur le dos, caractère par lequel on les reconnaît assez facilement. C'est aussi au mois de juin qu'on trouve les feuilles de l'*Inula dyssenterica* minées par les chenilles de l'*Acrolepia granitella*, et les lilas de nos jardins, défigurés par leurs feuilles tachées et contournées, œuvre des chenilles, souvent très-nombreuses, de la *Gracilaria syringella*. Vers la fin de ce mois on peut souvent remarquer que les feuilles du peuplier sont luisantes, comme si un limaçon y avait rampé, c'est qu'elles sont minées par la chenille de la *Phyllocnistis suffusella;* en même temps que les petites mines tortueuses avec une ligne centrale d'excrément noir sont causées par celles de la *Nepticula trimaculella* sur les mêmes arbres ; une foule d'autres chenilles du genre *Nepticula* font leurs mines dans les feuilles de l'aubépine, du pommier, du prunellier, du rosier, du chêne, du hêtre, etc., etc. Toutes ces mines des *Nepticula* restent toujours plates, les feuilles ne sont jamais courbées, mais entre la mi-juin et la mi-juillet les feuilles des mêmes arbres sont courbées par les chenilles des *Lithocolletis*, qui minent en dedans des feuilles et les font toujours courber ou en haut ou en bas ; les espèces de ce genre sont très-nombreuses, et la plupart sont très-communes, on les rencontre partout à l'état de chenilles, lorsqu'on a une fois appris à reconnaître les mines des différentes espèces.

En juillet, on peut trouver dans les feuilles du *Solanum dulcamara* deux chenilles qui y font de grandes taches blanchâtres, savoir : la *Gelechia costella* et l'*Acrolepia pygmæana*, et sur les sommets de l'*Epilobium hirsutum* celle de la *Laverna epilobiella*. En août la jolie chenille de la *Depressaria depressella* fait de grands dégats parmi les semences des carottes et des panais ; et en cherchant sur les saules on rencontrera des feuilles qui sont roulées en cône par les chenilles de la *Gracilaria stigmatella;* les cônes des feuilles du chêne sont causés par les chenilles d'une autre *Gracilaria*, la *Swederella;* à la même époque les feuilles du

Convolvulus arvensis sont minées en grandes taches brunâtres par la *Bedellia somnulentella.*

La génération automnale des chenilles de *Nepticula* et *Lithocolletis* est beaucoup plus nombreuse que la génération d'été, et ces chenilles se trouvent à foison partout pendant les mois de septembre et d'octobre ; une seule feuille en renfermant souvent une trentaine de la même espèce, pendant que d'autres feuilles sont habitées par les chenilles de plusieurs espèces différentes. En septembre, les ombellifères ont souvent les feuilles brunies par les chenilles du *Chauliodus chærophyllellus ;* laquelle vit en société et ne mange que la moitié de l'épaisseur des feuilles, dont l'autre moitié brunit, et ces grandes aires brunes dans les feuilles vertes de l'*Heracleum* frappent l'œil de loin. Heureux l'entomologiste qui, en regardant la feuille de plus près, ne trouve pas que les chenilles l'ont déjà quittée pour se changer en chrysalides !

MANIÈRE D'ÉLEVER LES CHENILLES.

La plupart des petites chenilles de Microlépidoptères peuvent sans inconvénient être privées d'air ; et on les élève facilement dans des tubes de verre, bouchés aux bouts.

Les chenilles mineuses du genre *Nepticula* et du genre *Lithocolletis* ne peuvent pas quitter la feuille dans laquelle elles se trouvent pour entrer dans une autre. Aussi si la feuille se flétrit avant que la chenille

ait acquis tout son développement, celle-ci meurt in-
failliblement. L'entomologiste doit donc faire tout son
possible pour conserver la fraîcheur des feuilles qui
sont habitées par ses chenilles. On réussit le mieux
lorsqu'on les place dans des boîtes de fer-blanc bien
fermées ; là les feuilles conservent encore leur frai-
cheur pour plusieurs journées, et ce temps suffit presque toujours à ces petites chenilles pour achever leur
nourriture et être prêtes à se changer en chrysalides ;
les chenilles des *Lithocolletis* ne donnent pas beaucoup
de peine, parce qu'elles se changent en chrysalides
toujours en dedans de la mine. Les chenilles de *Nepticula* au contraire quittent presque toujours leurs
mines et descendent par terre, où, parmi les feuilles
qui s'y trouvent, elles construisent leurs très-petits
cocons. Dans les boîtes de fer-blanc il faut chercher
ces cocons parmi les feuilles les plus basses, où l'on
en trouve quelquefois une vingtaine ramassés ensemble, comme si ces chrysalides aimaient la société.
Pour les chenilles des *Elachista*, qui minent les feuilles
des graminées, on se sert de tubes de verre, bouchés
aux deux bouts, ou fermés hermétiquement à un bout
et bouchés à l'autre ; cette chenille quitte presque
toujours la mine pour se changer en chrysalide, et on
la trouve attachée à la tige ou à la feuille de la graminée, sans être cachée dans un cocon.

Pour les chenilles des *Gelechia*, des *Depressaria*, etc.,
etc., il faut seulement des boîtes de fer-blanc plus
grandes que pour celles des plus petits genres, et il
faut veiller à ce que l'humidité de la trop grande masse

de plantes qu'on y met n'apporte pas la moississure, car alors les chenilles meurent. Il faut donc toujours éviter la moississure et la dessiccation des feuilles : ce sont les Scylla et Charybde du microlépidoptériste ; si les feuilles deviennent trop sèches, on perd les chenilles ; il en est de même si la moississure se développe.

Les chenilles du genre *Coleophora*, qui portent toujours des fourreaux, ayant besoin d'air, il ne faut pas les mettre dans les boîtes fermées hermétiquement. L'éducation de ces espèces devient donc un peu plus difficile que celle des autres chenilles de *Micros*, et la manière de les élever ressemble davantage à celle en usage pour les chenilles des *Macros-Lépidoptères*. Il faut, pour conserver fraîches les plantes qui leur servent de nourriture, baigner l'extrémité inférieure de leurs tiges dans de petits flacons contenant de l'eau, et placer ceux-ci dans des boîtes ou des pots à fleurs dont le haut est recouvert de gaze ; celles de ces chenilles qu'on trouve au printemps ne donnent pas beaucoup de peine, puisqu'en juin ou juillet éclosent les papillons. Mais celles qu'on se procure en automne exigent plus de soins, attendu qu'elles passent tout l'hiver sans se métamorphoser ; si on les garde dans l'intérieur, elles sont exposées à se dessécher et leur transformation en chrysalide est au moins fort douteuse. Aussi conseillons-nous de les garder dans les jardins, en les laissant dans des pots à fleurs recouverts de gaze, afin qu'elles soient autant que possible dans les conditions les plus naturelles, exposées aux intempéries de l'atmosphère, la neige et la pluie, qui leur seront moins préjudiciables que la sécheresse.

H. T. STAINTON.

Mounstfield, Lewisham.

———

DIPTÈRES

Parmi les divers ordres dont se compose la classe des insectes, aucun, surtout en France, ne fut dans tous les temps plus négligé que celui des Diptères, cependant aucun, sauf peut-être les Coléoptères, n'embrasse un nombre plus considérable d'espèces, nul n'est plus digne d'intérêt à l'égard des mœurs, des formes, du rôle qui lui fut assigné au sein du monde animal et végétal.

Les collections Diptérologiques n'offrent pas, il est vrai, cet aspect séduisant qui passionne les amateurs de Papillons et de Coléoptères, car, en général, dans les climats froids ou tempérés, ces insectes sont de taille médiocre et revêtus d'une livrée modeste, d'un autre côté, nous ne possédons pas en langue française, un ouvrage usuel assez complet sur la matière, les collections spéciales sont rares, d'une conservation difficile, par suite de la fragilité des échantillons et leur tendance à se couvrir de moisissure. Ces inconvénients, sans doute, décourangent ceux qui ne sont pas animés d'un amour profond et sincère pour la science, pour l'Entomologie.

L'ordre des Diptères est moins homogène, dans son ensemble, que la plupart des autres. Les *Tipulaires* et les *Pupipares* qui s'y trouvent actuellement compris, paraissent, sous divers rapports, susceptibles de former des groupes assez distincts. Quoi qu'il en soit, il est facile de reconnaître l'ordre en question au moyen de certains caractères qui peuvent se résumer en ces quelques mots : *Une trompe, des ailes membraneuses; en général des Cuillerons et des Balanciers.* Néanmoins, ces caractères mêmes font parfois défaut, mais ces exceptions sont fort rares. Ainsi, deux ou trois genres de la famille des *Tipulaires*, deux ou trois autres parmi les *Muscides*, quelques *Pupipares* et *Phthyromyes*, sont privés d'*ailes*, de *Cuillerons* ou de *Balanciers*, les *OEstres* manquent de *trompe*, ou pour mieux dire n'en présentent que les rudiments atrophiés. Des variations notables distinguent les *Larves* et les *Puppes*, mais malhéureusement elles sont encore trop peu connues.

Ces insectes se montrent en tout temps et en tous lieux sous nos latitudes; on les rencontre principalement depuis les mois d'avril et de mai jusqu'en octobre et novembre, durant les heures les plus chaudes de la journée, après que le soleil a dissipé la rosée. Ils se cachent pendant la pluie, le vent, ou dès qu'un nuage vient assombrir le ciel. Les sites où règne une température chaude et humide, les clairières, les lisières des forêts, les prairies émaillées de fleurs, les marécages, sont leurs résidences favorites. En général, plus une localité est riche en végétaux, plus ils sont nombreux et variés. On en trouve cependant encore dans certaines localités arides, calcaires, sabloneuses ou ombragées, mais jamais en aussi grande abondance. Ils affectionnent particulièrement les fleurs composées, les ombellifères, les matières animales ou végétales en décompositon; quelques espèces fréquentent les fucus des plages maritimes; il en est qui vivent en parasites aux dépens des oiseaux, des mammifères, y compris les *Chauve-souris*, attaquant surtout les individus jeunes ou malades, et dans l'intérieur de leurs nids. Une *Tyréophore* se rencontre sur les ligaments des cadavres desséchés; une Tipule *aptère, (G. chionea).* parcourt rapidemment la surface des champs de neige; d'autres, l'écume des flots. On peut recueillir un très-grand nombre d'espèces en renfermant dans des boîtes à éclosion couvertes, soit d'une forte gaze, soit d'une toile métallique, des feuilles minées par les larves; des fruits, des graines attaquées, les capitules des fleurs variées, telles que chardons, bardanes, etc. Enfin, il n'est guère de substance animale ou végétale, vivante ou décomposée, qui ne puisse leur servir d'habitation, de nourriture, de berceau. Le collecteur diligent n'oubliera donc aucun point des lieux qu'il explore, s'il veut faire ample récolte.

Parmi les exotiques les moins connus, comme aussi les moins séduisants et les plus fragiles, sont les *Cousins, Moustiques* et *Tipules* (*Némocères,* Macquart. *Ti-*

pulidi. Culicidi, Bigot.) On fera bien de les recueillir soigneusement, nonobstant l'extrême délicatesse de leurs organes et la fragilité de leurs longs pieds. La meilleure manière de les conserver est de les piquer de suite; de les coller, quand ils sont de très-petite taille. On s'est bien trouvé, pour les grandes et moyennes espèces, d'enfiler au-dessous de l'individu, une large *paillette* ronde proportionnée à sa taille, faites de *mica* ou de *carton bristol mince*, et vers le centre de laquelle à l'aide d'une goutte de gomme, on colle et rassemble, en les entrecroisant, l'extrémité des tibias. Il importe de les faire très-rapidement sécher, vu leur propension à changer de couleur.

L'attention du collecteur devra s'appliquer aux plus infimes représentants de l'ordre, toujours les plus dédaignés par les explorateurs. C'est en fauchant qu'on en pourra faire moisson. On recherchera les *Œstres*, qui piquent la peau des mammifères pour y introduire leurs œufs, les parasites des oiseaux, les *deux sexes* autant que possible de chacune des espèces récoltées, ceux qui nuisent à l'homme, aux animaux domestiques, aux végétaux utiles, etc.

CHASSE.

La chasse ou la récolte des Diptères n'exige pas un aussi grand appareil que celle des Lépidoptères, elle ne présente pas les difficultés ou les inconvénients inhérents à celle des Hyménoptères, car tous peuvent être impunément saisis avec les mains nues, nul ne possédant d'aiguillon défensif ou de liqueur nuisible. Les espèces même qui se nourrissent exclusivement du sang des animaux vivants ne peuvent causer la plus légère blessure quand on les saisit. Un filet de gaze pour la chasse au vol, de toile forte, si l'on se propose de *faucher*, une boîte foncée de liége, des épingles, une pince, sont les seuls ustensiles indispensables. Quelques personnes se contentent du filet et de la pince, remplaçant la boîte par un flacon de grandeur moyenne, à large ouverture hermétiquement fermée par un bouchon de liége qu'une ganse, d'une longueur suffisante, rattache autour de son orifice. Dans ce cas, on doit se munir d'une fiole remplie d'éther ou de benzine. Il faut disposer à l'avance dans le flacon quelques bandes étroites de papier, qui le rempliront, en laissant entre elles de larges vides. Avant de commencer la chasse, on aura soin d'injecter sur ces dernières quelques gouttes d'éther et de benzine, en évitant d'en imbiber les insectes. Il est urgent, surtout par une température élevée, de renouveler de temps en temps cette opération, car on sait que ces liquides s'évaporent rapidement.

L'insecte, saisi à l'aide du filet, est pris avec les doigts ou la pince, suivant sa taille, et rapidement introduit dans le flacon, lequel doit être aussitôt rebouché soigneusement. Si, durant la chasse, on vient à s'apercevoir que l'anesthésie tend à se dissiper, on renouvellera la projection modérée d'éther ou de benzine, jusqu'au moment où, rentré au logis, il s'agira de piquer à loisir des victimes parfaitement immobilisées.

La chasse à l'aide de la boîte et des épingles est sans doute plus longue et plus compliquée, mais les insectes récoltés de cette dernière façon conserveront mieux leur nuance et leur fraîcheur. L'épingle devra toujours être enfoncée perpendiculairement au centre du corselet.

Dans tous les cas, la chasse au flacon est préférable quand elle se bornera aux très-petites espèces, à celles qu'il faut coller sur les paillettes de papier, de carton ou de mica.

PRÉPARATION, ENVOIS, COLLECTION.

La préparation est simple, comme on a pu l'entrevoir par ce qui a été dit ci-dessus. Il s'agit, suivant le volume de l'insecte, soit de l'enfiler avec une épingle de 16 lignes, d'une grosseur proportionnée à sa taille (les épingles *allemandes* de 16 lignes sont les plus convenables), soit de le coller solidement sur les paillettes au moyen de gomme arabique pure, dans laquelle on aura fait dissoudre du sucre ou toute autre substance propre à l'empêcher de s'écailler, en prenan garde de l'y ensevelir tellement qu'il ne soit plus possible de reconnaître ses caractères. Puis, on laissera sécher les échantillons pendant quelques jours dans un lieu sec, aéré, à l'abri de la poussière et du soleil. Les plus grosses espèces exigent environ trois semaines, les plus petites quatre ou cinq jours, les moyennes dix ou douze *en été*.

Quelques amateurs adroits se donnent la peine d'étaler régulièrement les ailes et les pieds, comme on le
fait à l'égard des papillons; cette méthode longue et
minutieuse procure, il est vrai, des échantillons plus
agréables à l'œil, mais en même temps bien plus fragiles, et occupant une très-grande place dans les boîtes
ou les tiroirs.

On peut, avec avantage, au lieu de coller les petites
espèces, les transpercer d'un court fragment de fil ténu
d'argent ou de platine, qu'on fixe sur un petit morceau
régulièrement taillé, de moelle de sureau ou de liége,
lequel à son tour est enfilé dans une épingle ordinaire
à insecte, destinée à fixer le tout dans la collection et
à rendre les échantillons maniables.

Pendant le séchage ou la préparation, la tête est su-
jette à se détacher ainsi que les antennes; si cet accident survient, on peut les recoller à la gomme. Les
ailes chiffonnées peuvent être développées avec la
pince et le pinceau, les pieds rassemblés sous le corps.
Il faut enfin donner au sujet une tournure convenable,
régulière et surtout le laisser bien sécher avant de le
ranger dans les collections.

S'il s'agit de préparer des *envois* pour une destina-
tion quelconque, il y a, comme pour les autres ordres,
divers modes de procéder. Les plus ordinaires sont;

1° Celui généralement usité, c'est-à-dire, les boîtes
à fond de liége ou de bois tendre, sur lequel les épingles doivent être solidement enfoncées.

2° L'emballage dans des boîtes ou flacons, sans
épingles ni collage. Or, pour arriver ainsi à de bons

résultats, il importe que ces récipients soient de dimensions restreintes, solides et bien clos. On se procure de la sciure de bois *non résineux*, fine, exempte de poussière, rendue avant tout, *absolument sèche*. Les insectes, une fois morts, sont étalés sur une feuille de papier, à l'air sec, à l'abri de la poussière, pendant un temps plus ou moins prolongé, suivant leur taille et suivant la température, jusqu'à *parfaite dessiccation*. On dispose ensuite, au fond de la boîte ou du flacon, un lit mince de ladite sciure, puis, à l'aide d'une pince fine, on y dépose avec grande précaution les échantillons, on tamise par-dessus un peu de sciure, puis on frappe légèrement le récipient pour la tasser et la faire entrer dans tous les vides ; cette opération faite, on en répand une nouvelle couche, on dépose un second lit d'insectes, et ainsi de suite, jusqu'à ce que le récipient soit parfaitement rempli. On tasse légèrement le tout et l'on ferme hermétiquement, si l'envoi doit s'effectuer immédiatement, dans le cas contraire, au moyen d'un fort papier percé de trous d'épingles, jusqu'au moment de l'envoi, pour permettre à l'humidité de s'échapper si, par hasard, il en restait encore. Il est urgent de visiter souvent afin de prévenir les effets de la fermentation qui viendrait à se manifester. Cet accident est facile à constater d'après la coloration plus foncée, l'odeur désagréable, la chaleur qui se développent et précèdent l'apparition de la moisissure. Les flacons sont préférables aux boîtes, car ils laissent voir plus aisément l'état des choses. Aussitôt que l'on discernera les plus légers symptômes d'un accident quelconque, il faudra vider les récipients et faire rigoureusement dessécher à nouveau la sciure et les insectes, avant de les y réintégrer.

Faute de mieux, suivant les circonstances, on peut encore, simplement envelopper les individus morts, soit par petits groupes, soit individuellement, *à l'état frais*, dans des papillotes *serrées* d'un papier *souple* et *fin*, lesquelles sont ensuite bien séchées au soleil, puis expédiées dans des boîtes bien closes, où on les dispose par lits, mais il faut éviter d'applatir les individus.

Il est prudent de laisser une ouverture close par un opercule transparent, au centre du couvercle scellé des boîtes à expédier, à travers laquelle les employés aux douanes, ou autres fonctionnaires publics, puissent examiner facilement leur contenu, sans l'exposer à leurs investigations toujours très-nuisibles.

Pour la disposition des collections de Diptères, chacun, comme de raison, suit sa propre inspiration, cependant, les boîtes légères et de dimensions moyennes, sont préférables aux autres, attendu que leur peu de pesanteur rend les transports plus faciles et les chocs moins rudes. Il est sage d'adopter une des classifications générales les plus connues, relatives à l'ordre dont il s'agit, afin de faciliter l'étude et les recherches. Il est bon, autant que faire se pourra, de réunir les deux sexes et toutes les variétés, enfin, un certain nombre d'individus de chaque espèce, tant pour prévenir le fâcheux effet des pertes qui surviennent fréquemment, que pour avoir toujours, au besoin, des matériaux d'échange.

Ces collections sont très-facilement attaquées et détruites par les insectes rongeurs. Une attention soutenue, de fréquentes visites, des boîtes et armoires hermétiquement closes, sont indispensables.

Le *gras* et la *moisissure* sont, au reste, les accidents les plus ordinaires et les plus redoutables. Si le premier est à peu près sans remède (et beaucoup de Diptères y sont sujets), l'autre peut du moins être combattu au moyen de l'éther, de la benzine ou de l'acide phénique comme il est indiqué page 190, (l'odeur de l'éther est beaucoup moins désagréable et se dissipe plus rapidement). Il suffit d'en imprégner abondamment, et même à plusieurs reprises, en le touchant, avec un pinceau proportionné à sa taille, l'individu moisi, pour voir disparaître la presque totalité des Criptogames destructeurs. Néanmoins, surtout chez les petites espèces, il est difficile de ne rien briser, de ne rien déformer en opérant, et, presque toujours, demeure intimement collé aux téguments un lacis végétal frappé de mort, il est vrai, mais aussi désagréable à l'œil que gênant pour l'étude. D'ailleurs, les Insectes velus ou pulvérulents sont inévitablement altérés par ce traitement *in extremis*. Plus la moisissure est ancienne, plus il est difficile de la faire disparaître. On devra, en outre, sécher devant le feu les boîtes attaquées.

On ne saurait donc trop recommander de n'établir les collections qu'en des lieux parfaitement secs, il faut que les armoires soient un peu isolées des murailles, que ces dernières soient *anciennes*, et *anciennement recrépies* ou *peintes*, que le local soit constamment

tenu à un degré moyen de température. Elles se conserveront mieux à la ville qu'à la campagne, mieux
dans les climats tempérés et secs, que dans les autres.

Il est à noter toutefois que les collections Diptérologiques sont beaucoup plus aisées à disposer et à
conserver que celles de Névroptères, Orthoptères ou
Lépidoptères.

J. BIGOT,

Ex-Président de la Société Entomologique de France (1867).

GENERA DES COLÉOPTÈRES

PAR
J. DU VAL et M. FAIRMAIRE

DESSINS PAR

MM. MIGNEAUX et Théoph. DEYROLLE

OUVRAGE TERMINÉ

Les **144** livraisons qui composent ce magnifique ouvrage prennent la description de tous les genres, le catalogue synonymique de toutes les espèces ; les **303** planches gravées et coloriées représentent près de **1600** types, et environ **2000** dessins au trait de caractères.

Prix de la livraison prise à Paris : **1 fr. 75.**

L'ouvrage complet, relié toile anglaise avec toutes les planches montées sur onglet, ... **275 francs.**

Toutes facilités seront accordées pour rendre accessible l'acquisition de cet ouvrage, aux personnes qui pourraient être arrêtées par la dépense faite d'une seule fois.

FAUNE ENTOMOLOGIQUE FRANÇAISE
PAPILLONS

OU DESCRIPTION DE TOUS LES LÉPIDOPTÈRES QUI SE TROUVENT EN FRANCE

TEXTE PAR E. BERCE
Président de la Société entomologique de France

DESSINS ET GRAVURES PAR Théophile DEYROLLE
Membre des Sociétés entomologiques de France et de Belgique

1er volume comprenant des indications générales sur la chasse et la conservation, l'introduction, la description de tous les Rhopalocères et 87 espèces parmi ceux-ci représentés dessus et dessous, 1 vol. in-18 jésus de **250** pages et **18** planches. (1867).

Planches noires . . . . **5 f. »**
Planches coloriées . . . . **8 »**

Le 2e volume comprend la description de toutes les espèces d'Hétérocères, jusqu'aux Noctuo-Bombycites inclusivement ; les **17** planches gravées représentent **106** espèces, entr'autres toutes celles du genre *Sesia*, et **40** dessins au trait de caractères. (1868).

Planches noires . . . . **6 f. »**
Planches coloriées **10 50**

Le Mans. — Impr. Beauvais, place des Halles, 19.